卡耐基

教你做世界上

最有魅力的妻子

韦甜甜◎著

台海出版社

图书在版编目(CIP)数据

卡耐基：教你做世界上最有魅力的妻子 / 韦甜甜著.
—北京：台海出版社，2016.12

ISBN 978-7-5168-1207-5

Ⅰ.①卡… Ⅱ.①韦… Ⅲ.①女性-修养-通俗读物

Ⅳ.①B825-49

中国版本图书馆 CIP 数据核字(2016)第 295752号

卡耐基：教你做世界上最有魅力的妻子

著　　者：韦甜甜

责任编辑：赵旭雯

装帧设计：芒　果　　　　　版式设计：通联图文

责任校对：化莹莹　　　　　责任印制：蔡　旭

出版发行：台海出版社

地　址：北京市朝阳区劲松南路 1 号　　邮政编码：100021

电　话：010-64041652(发行,邮购)

传　真：010-84045799(总编室)

网　址：www.taimeng.org.cn/thcbs/default.htm

E-mail：thcbs@126.com

经　销：全国各地新华书店

印　刷：北京柯蓝博泰印务有限公司

本书如有破损、缺页、装订错误，请与本社联系调换

开　本：640mm×960 mm　　　　1/16

字　数：200 千字　　　　　印　张：17.5

版　次：2017 年 1 月第 1 版　　印　次：2017 年 1 月第 1 次印刷

书　号：ISBN 978-7-5168-1207-5

定　价：38.00 元

有这样一个故事。

上帝降临到人间，无数人来向他祈福，他从一个袋子里拿出物品来满足这些人的愿望。一个人来到上帝面前，向他祈求财富，上帝赐给他金钱；一个人向上帝祈求权力，上帝赐给他国王的皇冠；第三个人祈求得到一生的平安和幸福，上帝交给了他一个女人，说："这是一个贤惠的妻子，你带她走吧！"

这个故事说明：有了一个好妻子可以获得一生的平安和幸福。而"做个好妻子"也是无数女人在新婚时对自己最大的希冀。关键就是如何才能做到？

新的时代给妻子们提出了全新的责任，妻子在完成了自己工作的同时，还要抽出大把的时间来料理家事，打点一家人的衣食住行，管教孩子，甚至还要对丈夫的事业出谋划策……

婚姻不同于恋爱，法国剧作家尚福尔形象地比喻"恋爱有趣如小说，婚姻无聊如历史"。从众多幸福的婚姻中，我们可以发现，它们都有着诸如理解、宽容、信任、体贴、忠诚、和谐等这样的关键词。而不幸福的婚姻，大部分是两人初结婚时情投意合、如胶似漆，随着时间的推移便被无休止的争吵所代替，或是从埋怨渐渐走向疏离，或是由不断猜疑走向决裂……

所以，如何在爱情和婚姻中拥有一份完美的两性关系，如何成为有魅力的完美妻子，是女性朋友怎么也说不完的话题。

作为伟大的人际关系大师的妻子，桃乐丝·卡耐基曾和戴尔·卡耐基先生一起巡讲全球五大洲的50多个国家，指导和帮助千百万人建立了更富活力、更具高品质的生活。作为卡耐基成人教育课程的一部分，这些生活经营模式已经被全球2000余所卡耐基成人教育机构的女性学员所使用。

这些生活经营模式囊括了成熟与魅力、职业与成功、心情与快乐、形象与交往、沟通艺术、性爱与包容、婚姻与爱情、身心健康、家庭料理、理财与管钱、信任与奉献、激励与相夫等12个方面的内容。这些内容其实就是对女人的成长忠告和幸福实施方案。

你想使自己的心理品质迅速达到成功女人的标准吗？

你想使自己成为一个有品位的女人吗？

你想让自己在家庭、事业和生活中与众不同吗？

……

本书适合对婚姻充满憧憬而又盲目的未婚女性，也适合正处于甜蜜期而未雨绸缪的聪明已婚女性，更适合处于冷战僵持又想挽救婚姻的烦恼已婚女性。作为未婚女性，可以从书中提前了解婚姻中可能发生的种种状况，避免走进婚姻殿堂时手足无措，打好婚姻准备战；而已婚女性将从书中学会如何经营婚姻，如何让老公宠爱自己，如何应对婚姻危机，如何做一个幸福的女人。

目录
C O N T E N T S

第一章

优雅绽放，活出一份精致的美

1.呵护你的容颜，让它不受岁月摧残 / 2

2.女想衣裳花想容，春风拂槛露华浓 / 6

3.让优雅成为自然的气质 / 11

4.找到属于你的专属"味道" / 15

5.可以不漂亮，但你必须精致 / 19

6.书香四溢，魅力源自于你的底蕴 / 24

7.清雅芳香，让修养成为你的名片 / 27

第二章

温柔似水，许你一世繁华

1.最是那一低头的温柔 / 34

2.你若温润如水，他便许你一生宠爱 / 39

3.温柔话温柔说，良言一句三冬暖 / 43

4.微微一笑很倾城 / 48

5.大女人的气度，小女人的娇羞 / 53

6.以柔克刚，柔弱会激发男人的"保护欲" / 60

7.容颜可以老去，心却要始终明媚 / 65

目录

CONTENTS

第三章

妙语生香，让爱情如沐春风

1.撒撒小娇，让他主动走进你的剧情里 / 70

2.喋喋不休，并不能越过山丘 / 75

3.学会称赞他，好男人是捧出来的 / 79

4.口吐莲花，不如细细聆听 / 85

5.戒掉抱怨，让婚姻如沐春风 / 90

6.不挑剔，别让男人成为你嘲讽的靶子 / 93

7.鼓励对方，比苛求更管用 / 98

第四章

幸福如沙漏，圈养不如放养

1.男人如风筝，该放就放 / 106

2."半糖主义"，像不爱那样去爱 / 110

3.两情相悦，又岂在朝朝暮暮 / 115

4.与其限制，不如试着接受他的"男人帮" / 122

5.别以爱之名去改造他 / 126

6.每个男人都不完美，要学会悦纳 / 129

7.将"面子"留给男人，将宠爱留给自己 / 133

目录
C O N T E N T S

第五章

受得了三千宠爱，做得了诸葛军师

1.既能站在男人身后，又能站在男人身边 / 140

2.做男人的贤内助，而不是"嫌内助" / 145

3.为他的事业"出谋划策" / 148

4.当他失意时，需要你的积极安慰 / 152

5.成为对方事业的亲善大使 / 156

6.妻子对他认同，丈夫就会事业有成 / 160

7.陪伴男人度过事业的低谷 / 163

第六章

因爱相守，别让爱情输给了岁月

1.嫁给王子不是结局，幸福要靠自己经营 / 170

2.长相知，不相疑 / 175

3.与其跪着取悦爱情，不如站着取悦自己 / 180

4.相爱容易相守难，且行且珍惜 / 184

5谁家烟囱不冒烟，何必让家变成战场 / 190

6.耐得住寂寞，不因诱惑而迷失 / 196

7.与子偕老，平淡岁月里默然相守 / 201

目录
CONTENTS

第七章

家有贤妻，家和万事兴

1.家如棉被，温暖而幸福 / 208

2.多抽点时间陪陪自己的家人 / 211

3.爱屋及乌，与家庭其他成员和睦相处 / 216

4.婆媳不是天敌，你可以和她成为"战友" / 221

5.提升自己，再忙也要做"天使妈妈" / 227

6.用爱塑造家庭，用心滋养事业 / 232

7.做好"小厨娘"，给家人最好的营养 / 235

第八章

人生不为谁止步，创造自己的光环

1.有梦想，谁都了不起 / 240

2.停下来，先为你的人生做个规划吧 / 244

3.热情是最好的精神气场 / 249

4.不要安于现状，人生需要不断地进步 / 253

5.你的认真让整个世界为你喝彩 / 258

6.女要嫁对郎，更要入对行 / 262

7.你待工作如初恋，工作还你成功梦 / 266

第一章

优雅绽放，
活出一份精致的美

1.呵护你的容颜，让它不受岁月摧残

> 女人的脸，是上帝赐予的最珍贵的礼物：白
> 皙晶莹的面孔，精致美妙的五官，美目一开一
> 闭，红唇一张一合，都在传递着来自心灵的信
> 息。对女人而言，这样的礼物，需要用一生去爱
> 惜，需要用一生去呵护。
>
> ——卡耐基

英国作家巴里说，魅力仿佛是盛开在女人身上的花朵。有了它，别的都可以不要；没有它，别的都管不了事。女人的魅力源自气质、修养、内涵、才智等方面。俗话说，没有丑女人，只有懒女人。女人要想活色生香，魅力四射，就要克服懒惰。

的确，世界上没有丑陋的女人，只有懒惰的、不会打扮自己的女人。都说三分人才，七分打扮，天生条件不好和上了年纪的女人，经由适度的装扮，一样可以展现出与众不同的风采。唯有自我放弃，懒得花工夫打理外表的女人，才是真的和美彻底绝缘了。

卡耐基曾经说过这样的一句话，只要懂得爱惜自己，你永远不会有变老变丑的一天。

婚后的艾丽丝外出都是素面朝天，因为经过几个不大不小的"打击"，她已经放弃了对自己的打理，认为反正这样了，再怎么收拾也没有用。有一次下班逛商场的时候，实在是经不住美容院一个

美容师的"忽悠"，艾丽丝进去做了美容。自从结婚生孩子之后，艾丽丝的朋友、同事甚至是家里的亲朋好友见了艾丽丝，不是叫她小妈妈、黄脸婆，就是叫她中年妇女，半开玩笑的口气弄得艾丽丝很迷茫。慢慢地，艾丽丝也认为自己老了，脸黄了，不漂亮了，连化妆的自信都没有了，更别提进美容院了。

这次偶然进了美容院，又是面膜，又是眼贴，又是精油，又是按摩，弄得她都烦了，觉得反正自己都已然这样了，耽误这些时间做什么，还不如回家照顾孩子呢。好不容易做完，一出门，偶遇了一个很久不见的朋友，朋友竟然惊奇地拉着艾丽丝的手说："这么多年没见，听说你都生了孩子了，怎么还是这么年轻漂亮啊！"

朋友走后，艾丽丝的心里像蜜汁一样甜。回到家里，老公也有些发愣，第一句话竟然是："老婆，你今天好漂亮啊，简直和刚认识你的时候一样，干净、阳光，很久都没有见你这么美丽了……"艾丽丝赶紧跑到卧室，对着镜子看了又看，发现只是在美容院稍微收拾了一下，并没有太大改变啊，原来自己还是漂亮的，只要认真化妆好好打理还是有魅力的。

这件事给了艾丽丝极大信心，她不再每天早上起床匆匆洗漱后，就开始为孩子收拾和做早餐，而是提前20分钟，在浴室里仔细地梳头洗漱，洗面奶、爽肤水、精华素、乳液、乳霜之类的护肤品一个也不落，然后再仔细地穿衣搭配，从头到脚每一个细节也不放过。

同事朋友们也发现了她的改变，每天见到她都要夸她几句；老公对她的改变更是喜欢得不得了。艾丽丝也变得越来越自信，越来越美丽。

女人要相信自己，随着时间的流逝，年龄的增长，美丽不一定会随之消失，但失去自信则会使你失去更多的美丽。美丽是由很多方面的因素综合构成的，而自信是其中最为重要的一部分。相信自己的美丽，然后花些时间，用心去呵护自己，相信你也可以拥有美丽。

徐薇和冉琳是初中时的同学。那时的冉琳是同学眼中的花仙子，是男生魂牵梦萦的"梦中情人"，而坐在冉琳旁边的徐薇则恰恰是"以丑衬美"的最佳佐料。徐薇圆乎乎的小脸蛋，胖嘟嘟的小娇唇，一双乌溜溜的大眼睛灵活地眨巴着，男生们见了她总会哄然大笑地打趣她道："小胖妞，今天又带什么好吃的啦？"徐薇便会难为情地扭过脸去，生气地回答道："哼，不要你们管！"

光阴荏苒，一转眼10多年过去了，昔日的"小胖妞"已经出落成亭亭玉立的大姑娘，在北京的一家大型企业担任高级翻译。优雅得体的装扮，温文尔雅的谈吐，为她赢得了无数的鲜花和掌声，还有一大批"慕名而来"的追求者们。

春节时，多年未见的初中同学聚在一起开了个同学会，当徐薇和冉琳出现在众人面前时，大家都毫无准备地"大跌眼镜"，惊叹的是当年小胖妞如今变成了淑女，当年的花仙子，今日却……这究竟是"女大十八变"还是"岁月催人老"？

原来，冉琳初中毕业后念了几年中专就回家嫁人开了家副食店，每天起早贪黑，劳累之中便失去了打扮的雅兴，长长的头发随意用皮筋扎在后边，皮肤整天蒙着烟尘也顾不得擦一把，早上匆匆洗把脸就出门，晚上懒洋洋地擦一擦就算了。日久天长，再美的容颜也被"摧残"了。

而徐薇则不一样。考上大学后，她意识到外表是女人的重要资本，便开始减肥，每天做大量的运动，并控制饮食。同时，她还注重保养皮肤，每天洗脸护肤执行得一丝不苟。考虑到"面子"在事业、人生中的重要性，她还专门"进修"了一下美容课程，一到重要场合，必定"精雕细琢"，"闪亮"登场。当然，要想有个整体和谐的形象，服装也是重头戏，徐薇在这方面也花了不少心血，平时逛商场跑市场，买来时尚杂志潜心钻研，其中的艰辛不说，就是衣物的保养也得占用大量时间。但徐薇坚持下来了。对美的不懈追求，让她的品味与技艺越来越高，通过年年月月的"更新换代"，如今的徐薇，走在大街上的回头率是100%——这并不是因为徐薇天生丽质，而是她懂得如何扬长避短，在勤勉的装扮护理中，找到了最适合自己的方式。

徐薇通过自己的努力实现了从"丑小鸭"到"白天鹅"的蜕变，生活中像她这样的人还有很多很多。我们常看电视上明星光彩照人，国色天香，其中不少人卸了妆就和普通人一样，有的人甚至连一般人都赶不上，但她们为何能"傲立群雄"、"艳冠群芳"呢？对此问题的经典回答是："没有丑陋的女人，只有懒惰的女人。"

因此，女人，没有天生丽质不是你的悲哀，但是懒惰则是你大大的不幸！女人要追求美，就要付出代价，不是要你"一掷千金"地整容购物，而是要在平时的各个细节上重视自己的形象。即使时间再忙，你也应该每天抽出几分钟时间打理自己。

卡耐基的夫人桃乐丝曾经说过这样一句话，只要懂得爱惜自己，你永远不会有变老变丑的一天。因此，各位女性朋友，为了你幸福的人生，请开始投资自己的"形象工程"吧。

2.女想衣裳花想容，春风拂槛露华浓

> 女人在生活中的每一种具体的表现，都对个人品牌的形成有着正面或反面的意义。成功地打造个人品牌，不是一味地追求名牌，而是首先要明确自己的目的是什么，你要成为什么样的人，就按照什么样的形象塑造自己，争取有一天变成理想中的人物。
>
> ——卡耐基

所谓三分样貌七分打扮。可见衣着对人们的影响，尤其对于女人来说，如果她们风姿绰约、妩媚动人，那么所到之处定会迎来一片瞩目和赞美。

不管女人们追求一种什么样的生活，但她们终身的目标，不外乎做个精致美丽的女人，或优雅得美丽，或婉约得温柔，或干练得帅气，或妩媚得风情，或淡雅得飘逸，或清纯得自然、或慵懒得高贵等。每一个女人在心底里，都想着做个千娇百媚的万人迷。

服饰是现代女人说不完道不尽的一门功课。服饰覆盖了一个人身体的大部分，成为个人形象的重要标志。对女人而言，一套合身与不合身的衣服穿在身上效果是截然不同的。一件合适的衣服能令人"顾盼生辉"，一件不合适的衣服则可能令美女也"黯然失色"。可以说，服饰是关乎女人美丑的重要因素，一件合适的衣服穿在一个合适的女人身上，会带来妙不可言的效果。

女为悦己者容。女士的穿着打扮不单是为自己,更希望在自己心仪的男士面前有所表现。因此,你需要学习如何穿衣打扮。得体的穿着与配饰,方能衬托出清新典雅的脱俗气质。

2008年6月18日,美国第一夫人米歇尔又让时装界大吃了一惊。在美国广播公司的《观点》节目录制现场,应邀担当嘉宾的米歇尔身穿了一条无袖黑白两色太阳裙上场,优雅而自信,立刻引起关注。在节目中,米歇尔毫不隐讳地透露,她的这条裙子是在一家名叫"白宫/黑市"的连锁服装店买的,品牌是唐娜·里科,售价只有148美元。

这套服装虽然很平民化,但是非常适合米歇尔。它展示了米歇尔漂亮的二头肌;而别在左肩裙带上的黑色花束,加上她浓密的睫毛和小碎花卷发,让米歇尔显得优雅而有活力,充满了女性的魅力。

1.8米的身高,体形修长健美,44岁的米歇尔天生是个模特胚子。不过,要想打扮得体而且引人注目,就需要后天的努力和悟性了。在这方面,米歇尔花了不少时间和心思。早在2005年,她陪丈夫奥巴马参加美国全国有色人种协会第36届嘉奖会时,就引起了时尚界的关注。当时,米歇尔穿了一条曳地绣花晚礼服,说实话,这种礼服虽然很优雅,但是比较传统,不容易穿出彩。不过,米歇尔别出心裁地在手腕上戴了个羽毛状的花色大首饰,并配上对白色大耳环,马上就使这件经典的绣花晚礼服显得不同寻常。

同一年,米歇尔和奥巴马还参加了由美国著名脱口秀女王奥普拉·温弗瑞主持的一个庆典,主题是嘉奖艺术界、娱乐界和人权领域的杰出女性。在出席那场庆典的女嘉宾中,有不少人穿了白色晚礼服,米歇尔穿的也是一袭白色长款晚礼服。不过,她在脖子上配了一条白色大项链,加上独特的古铜肤色,还是让她在众多白色礼服美女中脱颖而出，成为当晚庆典的焦点。

米歇尔既会穿设计师品牌，也会穿平价服装，并将它们完美地搭配在一起。她最擅长以平价服饰搭配精品配件，走出一条更加实际的时尚路线，引来无数人争相仿效。

卡耐基认为，女人穿衣，是一种选择，一身得体的穿着不仅可以让女性显得更加美丽，还可以体现出一个女人独到的魅力。穿着不仅体现着一个人的审美情趣，更是一个人气质和内在素质的无言的名片。有眼光的女人，无论穿哪件衣服对她们来说都是锦上添花。穿衣得体能够充分展示出她们迷人的身材。会穿衣服的女人，能将衣服穿出女人味，使自己看上去更加完美，更加迷人。

女想衣裳花想容，女人如花，衣服是人的第二皮肤。对女性来说，无论是其衣服的造型还是制作，都要追求独具匠心，确立自己的着装风格，并通过这种创造演绎出一种令人难忘的个人风情。

兰丝丝不仅是丈夫眼里的大美女，更是单位里很抢眼的一道风景线，走到哪里都是众人目光追逐的焦点。和其他女人不同的是，追随着兰丝丝目光更多的是女人。

通常男生看女生，会注意这个女生是高是矮，是胖是瘦，是白是黑，是美是丑，但女生看女生就不一样了。她们第一眼看的肯定是对方穿什么衣服，什么鞋子，然后会观察她是否佩戴手链、耳钉之类的小配饰，最后会观察她化的妆怎么样，至于相貌等问题，可能会大略地看一眼，也可能就忽略了。

每次兰丝丝一出现，就能把看到她的女人牢牢地吸引住，因为她的穿戴总是那么让人赏心悦目。比如冬季刚到，在这个南方的都市，还没有多少寒冷萧瑟的感觉，可人们却提前进入了冬季。

女人们赶时髦一样地穿上了各式各样的大衣，有的穿着厚厚的羽绒服,有的还穿着雍容华贵的皮草。

兰丝丝穿的没有那么夸张,她一直认为自己是比较保守的人,从来都不会用那么超季节的打扮去哗众取宠。她仅仅是穿了一件淡蓝色的风衣,一双到膝下的靴子,很符合这个季节的天气和色调。

当她一出现时,那件蓝色的风衣便让她从周围或长或短的外套、裙子和靴子中脱颖而出,异常醒目地一下子就撞入了众人的眼帘。

那是一件做工精良的风衣,除了腰间一根长长盘绕的腰带别无任何装饰,但因做工的精致和选料的用心,长长的风衣没有一点褶皱,下摆是飘逸的淡蓝的色调,没有冰冷的感觉,反而添了几分温暖。

另外,合体的蓝风衣还让兰丝丝显露出了苗条的身段,尽管她的身材在生完孩子后有些臃肿了。风衣下摆露出黑色的靴子,不是晃人眼的漆皮,只是一般的羊皮靴子,看起来连款式也是很普通的,没有一点张扬的味道。

可细心的女生很快就在这普通之中发现了它的不普通之处。一阵秋风吹过,风衣被吹动着,悄然露出靴子上部的流苏,同样是与靴子质料相同的软羊皮,这正是最流行的服装元素之一。原本飞扬跋扈的流苏在兰丝丝沉静的映衬下,不但少了那种咄咄逼人的意味,反倒增添了些许灵动和飘逸。

兰丝丝是全单位公认的会穿衣的女人。就像许多有品位,有风格的女明星一样,兰丝丝总是精心地选择质地最优、最合身的衣物。当然,这些服装不一定要价格昂贵,但一定要最适合自己。她有时也会买名牌,只要是符合要求的,绝不吝啬。

就是这些精心挑选的衣服,经过她巧妙的细心搭配,使她成为公司中甚至城市街头独一无二的靓丽风景。很多女同事都喜欢模仿兰丝丝的穿戴,每当她穿着一件让大家瞩目的服装,马上就会围上来一群女同事，唧唧喳喳地问她在哪买的，多少钱。过不了几天，单位里就会马上多出几个同样打扮的女人身影。

被人模仿虽然从心理上让人很得意，可是当别人总是穿着同样的衣服出现，谁的心里都不会好受。可兰丝丝并不担心这些。无论单位里有多少人追随着她穿了同样的款式，她想穿的时候都会毫不犹豫地穿。因为很多跟风的模仿者穿起来并不好看，穿衣风格是要根据自己的身材和条件来确定的，兰丝丝从来不去模仿别人，因为她明白，这种东西不是能模仿得了的，最多也就模仿得"形似神不似"，搞不好还会味道大变，倒给自己做了免费的"托儿"。万事适合就好。追求合适——首先要摒弃盲目的追求和虚荣的攀比。

大方得体，超群出众的衣着打扮不仅让她的丈夫对此赞不绝口，更让兰丝丝成为单位潮流引领者。

衣着打扮并不神秘，任何人只要肯留心，都能掌握最基本的要领。我们平时所讲的"风度"，就是内在气质与外在表现相互衬托、彼此辉映的结果。风格的形成越早越好，因为有了风格，你的体貌特征才能与服饰出现规律性的结合，使你的形象给人带来无与伦比的贴切感。有风格还不怕老，因为越老风格越成熟、越突出。有风格一定会带来自信，因为风格是个性的东西，别人可以羡慕，却无法效仿，这样，你就可以成为时尚独立的载体。

没错，女人穿衣就要有自己的风格。当时装界为我们打出了"风格是必要的信仰"的口号后，人们对于时装的追逐就变得越来越有选择性。打造属于你自己的风格，一切存在便合理了。

卡耐基的夫人桃乐丝认为，作为一个现代女性，你应该穿出自己的品位和个性，选择适合自己的服饰，把学会穿衣打扮、塑造最迷人的外表形象当作人生中一件重要的事。我们大可不必刻意地去追逐潮流,也不需要特别地去模仿谁,只需要找到属于自己的穿衣风格,色调层次适合自己的个性就行了,有时候简单反而就是一种时尚,是一种属于自己的时尚,那是一份与众不同的美丽。

3.让优雅成为自然的气质

优雅不是天生的,也并非泛泛地知道几个所谓的时尚名词,优雅是一种气质,一种坚持,一种经得起时间考验的内在品质。当优雅成为一种自然的气质时,女性一定显得成熟而有魅力。

——卡耐基

《红与黑》的作者司汤达教育后人,做一个成功的人,仅有一个符合逻辑的大脑是远远不够的,还要有一种成功的气质。

卡耐基夫人桃乐丝说,女人真正的魅力主要表现在她特有的气质上。外表的美总是最初的、静态的、肤浅的,也总是短暂的,似天空中的流星,倏忽即逝,没有生命力。光靠美丽的脸蛋、窈窕的身材,而胸无点墨,只能称之为"金玉其外,败絮其中"。

在现实生活中,再漂亮的女孩,如果没有高雅的气质,也是一朵几近枯萎的鲜花,一潭永久不流动的死水。相反,并不漂亮的女孩,一旦插上气质的翅膀,神采便会立刻飞扬起来,乃至明眸顾盼,楚楚动人……

奥黛丽·赫本在自己的电影处女作《罗马假日》中，显现出了无与伦比的高贵优雅，甚至让人们联想到了天使。她的举止高贵，动作优雅。当时，有影评家甚至说："如果没有奥黛丽·赫本，《罗马假日》就是一部再平庸不过的电影。但是有了赫本，一切都改变了。"

有人说，女人的优雅，需要一个慢慢修炼的过程。优雅的女人，必须要经过岁月的磨砺，在人生的种种际遇里，不断成熟自己。奥黛丽·赫本曾经在临死前对女儿说："若要有优美的嘴唇，要讲亲切的话；若要有可爱的眼睛，要看到别人的好处；若要有苗条的身材，要把食物分给饥饿的人；若要有美丽的头发，让小孩子一天抚摸一次你的头发；若要有优美的姿态，要记住走路时行人不止你一个。"

这或许是关于优雅的最好注解。

从奥黛丽·赫本身上我们可以体会到：真正的优雅来自一个女人内心的价值观，是一种无法伪装的天性，更是高尚人格的流露！当奥黛丽·赫本逝世之后，很多人都陷入悲痛之中，她的两任丈夫都到葬礼上为她送最后一程，全世界都有人在为这个优雅天使的离去而伤心。奥黛丽·赫本虽然离去，可她那一袭充满爱和优雅的身影，却成为了绝唱。这就是优雅的力量，震慑人心，弥久难忘。

美丽的女人不一定有令人惊艳的外表，但是却一定有着感染心灵的气质。漂亮的外表总是第一眼就能冲击人们的审美视觉，而优雅，却如同一杯茶，清香幽幽，细细品味之下方知其甘美，且令人难以忘怀。优雅的气质像有形而又无形的精灵，紧紧攫住人们的感官，悄悄潜入人们的心灵，从而使人留下难以磨灭的印象。优雅的风度是一个人的文化修养、审美观念和精神世界凝成的晶体，所以它折射的光辉也最富于理性,最富于感染性。一个女人可以有华服装扮的魅力,可以有姿容美丽的魅力,也可以有仪态万方的魅力,但却不一定有优雅的风度;但是,一位具有优雅风度的女人,必然富有迷人的持久的魅力。

　　林徽因无疑是美丽的。她有美丽的容颜,美丽的情怀,美丽的才思,美丽的文字。如今,伊人逝去已半个世纪,我们仍然能从她留下的为数不多的照片中,感受到她独有的温婉清丽。照片中的她更像是一株绝世幽兰,散发着温婉迷人的气息。这位魅力女子充满书卷气息,有一种渗透到日常生活中的不经意的品位,超凡脱俗。有一种无需修饰的清丽,超然与内蕴混合在一起,像水一样柔软,像风一样迷人。

　　面对这样一个气质如兰、风华绝代的奇女子,该用什么语言来形容呢?

　　胡适盛赞她为中国一代才女。

　　美国著名学者费正清和夫人费慰梅说:"林徽因就像一团带电的云,裹挟着空气中的电流,放射着耀眼的火花。"

　　这位半个世纪前就已香消玉殒的女子,凭什么依然深刻地留在我们的记忆中?为什么我们还会被她深深地打动?是她的美貌还是她触动人心的优雅气质?

　　阅读林徽因传,你会油然而生出一份惊喜、一份感佩,惊叹世间果真有如此奇女子,集才气、美质、傲岸于一身。林徽因的气质里有东方的典丽之美。她通晓英文,对汉语亦别有新解,古文的修养也让人刮目。阅读林徽因关于中国建筑与文物的论文,无不深感精妙深切,无论在学理上还是文学修养上,均堪称上流。她才华横溢,诗文中往往有许多美丽的因素杂糅,诸多心性与趣味并存。她把学术当成创作,将论文当成美文来写,既有科学家的嗅觉,又有文人的良知。在严明的理性之余，还有丰沛的情感。

漂亮是震撼眼球的绚烂花朵，而优雅则是触动心灵的潺潺流水。鲜花只能按时节开放，而优雅却能让人一生都难以忘怀。"百年幽兰，流芳人间"，这是人们对一代才女林徽因发自内心的赞美之词。东西方文化的浸润就为我们造就了这样一个奇女子，她的美、她的优雅气质，令无数的倾慕者将对她的真情珍藏一生。

西方有这样一句谚语，一个平凡的女子或许不能成为王妃，但她不能没有梦想。那梦想就是对优雅的向往，若是她没有漂亮的外表，她会努力塑造自己优雅的心灵。

优雅给女人罩上一层美丽光环，令人赏心悦目；优雅给女人添加几分神秘的光彩，让人探索不尽。无论她是青春妙龄还是白发苍苍，无论她是靓丽动人还是姿色平平，她都能够活出自己特有的风采，这就是后天修炼的魅力之美，一种只可领会无法言说的天然神韵。

对于一个女人来说，天生丽质固然重要，但它只能是女人的外表，经受不住岁月的摧残，而拥有心灵的魅力，来自灵魂之中的优雅，才是女人保有恒久吸引力的根源。因为任何外表的美，如果没有内在的气质加以支撑，都是不完美的。

优雅是一种味道，只有经过岁月的陈酿才能甘香四溢，优雅是一种历练，是一种处变不惊的精神力量，作为一个女人，你可以没有魔鬼的身材、天使的容貌，但是你却一定应该拥有优雅，最起码，将优雅作为一种不断追寻的境界，在这种追寻中，不断提升自己。

4.找到属于你的专属 "味道"

> 每一个追求美的女性都不要去试图模仿别人的风格，重复别人的魅力，因为那样只会适得其反。我们只需要做好自己，不断发掘那些属于自己的魅力，找到自己的"味道"，做一个独特的女人，就能成为他眼里唯一的风景。
>
> ——卡耐基

女人如花，但是姿态风度却各不相同，于是有了不同的美丽。有的人清新淡雅，就像春风中摇曳的幽兰；有的人容貌娇媚，似牡丹般雍容华贵；有的人心怀傲骨，就像寒冬里盛开的红梅……

一个人即使条件再好也总有一个人不爱他，一个人即使条件再差也总有一个人在那里不离不弃地等着他，原因就在于有人喜欢牡丹，有人喜欢红梅。一个女人最独特的东西就是她的"味道"。所以，不管是已经步入婚姻殿堂的女人，还是即将要走进围城的女人，都应该找出属于自己的味道，坚持做自己。

然而，很多女人却不懂得这个道理，她们羡慕娇艳似火的玫瑰，羡慕寒霜傲骨的腊梅，于是去效仿他人，想让自己变得和他人一样，结果不但不能增加美丽，反而失去了原本的自然，从而失去了自己本来很吸引他人的独特魅力。

艾德林身材高挑，脸上带着可爱的婴儿肥，给人的感觉既美丽又亲切。因为出色的容貌和身材，她被一个好莱坞的资深经纪人相中，经纪人推荐她去参加一个大型的选美比赛，优厚的奖金使艾德林动了心，她便跟着经纪人来到了好莱坞。

这场比赛十分精彩，选手们来自美国各地，各有各的风采，但都非常漂亮。在激烈的竞争下，艾德林通过了一轮又一轮的淘汰赛，和其他4名选手一起杀入决赛，竞争冠军的位置。为了让这些决赛选手能够休息一下调整自己的状态，大赛组织者给了选手们半个月的准备时间。

接下来，艾德林开始积极地准备决赛，她分析了几个决赛选手，并将一个叫艾琳的选手当作了她的潜在对手。艾琳具有天生的贵族气质，脸上没有一丝赘肉，五官清晰而精致，显得冷艳而神秘，她每次都能获得评委的好评。面对这样优秀的对手，艾德林有点自卑了，她那张肉乎乎的脸绝对没有一丝高贵和神秘可言，她决定要改变自己，在决赛之前让自己瘦下来。

艾德林开始了疯狂减肥，每天只吃一点低热量的蔬菜和水果，完全没有主食，在短短的几天内瘦了十斤。到决赛的那一天，当带她参赛的经纪人看到她的样子时立刻惊叫起来："你怎么变成这个样子了？"原来，经过短期减肥，艾德林严重营养不足，双颊瘦得凹陷下去，神色显得非常疲倦，肌肉和皮肤也显得松弛。

"本来你很有可能赢得冠军，但现在的样子看来几乎是没有希望了。那些佳丽们大都身材瘦削，颇具骨感美，婴儿肥正是你与众不同的风格，使你能够凸显出来。遗憾的是你没有看到自己的这一优点，反而去效仿他人，所以，你注定失败。"经纪人用无法掩饰的懊悔口吻说。结果不出这位经纪人所料。

我们的生活中其实有很多艾德林，她们其实本来很美，却因为效仿别人而失去了自己的美丽。在婚姻中，很多女人也会出现自卑心理，担心自己没有别的女人漂亮、年轻、活泼等，从而去改变自己的风格，结果失去了自己。试想，当丈夫找不到原来的那个你，他还会对你情有独钟吗？

卡耐基认为，对于男人而言，女人清雅似幽兰是美，女人娇媚似牡丹是美，女人冷傲如红梅也是美。抓住男人靠的不止是知书达理，还要有属于自己的独特香味，在个性方面充分发挥自己的特长。

狮子座的女性杰奎琳是一个奇迹，尽管世人对她的所作所为并非完全赞同，但这不妨碍人们一如既往迷恋她、崇拜她，杰奎琳是她那个时代最出色的偶像。

美国前总统肯尼迪与杰奎琳相遇时，还是一个年轻的风流公子，但是一见到杰奎琳，他就被她身上所散发出的超凡脱俗的迷人气质所吸引。肯尼迪的笔记中曾经这样写道："杰基，看起来比我遇到过的其他年轻女人更有头脑，对生活目的有深厚的意识，而不是只炫耀自己的美丽。因此，我弓着身子从龙须菜上倾过身去要求和她约会。"

当杰奎琳成了肯尼迪夫人之后，她个性和智慧表现得更为充分了。不可否认，杰奎琳的参与是使肯尼迪在总统竞选中获胜的一个重要因素。因为杰奎琳除了陪同肯尼迪到各地发表竞选演说外，还有一系列的个人举措为肯尼迪赢来了强大的正面影响。比如，她在妇女界掀起一个"为肯尼迪呼喊"的运动，波及全国；她编写了《竞选中的妇女》的每周专栏，向全国各地报纸送稿；她抨击某些文章作者，捍卫丈夫名誉。她不像其他女人一样掩饰自己在家务活动中的不足，而是公开承认自己很少做饭、雇用管家仆人等等。杰奎琳这种与众不同的个人表现，恰恰赢得了许多人的信任。

杰奎琳算不上传统意义上的美女，皮肤黝黑、眼距稍宽的相貌特征令她极富异国情调，过高的颧骨和略宽的脸型流露出坚定的意志和果敢的气质，这种美女是独一无二的，更是不可抗拒的。

人们总是迷恋他们猜不透的人和看不清的事，所有的崇拜，只是源自于自己的无法接近。杰奎琳的个性，成就了她的魅力，令全世界都为之神迷折服。

卡耐基的夫人桃乐丝认为，独特的个性使女人们从人群里脱颖而出，成为最亮的那颗星星，做出让人刮目相看的成就来。真正的成功者总是保持自己鲜明的个性，并深入发掘自己的潜力，绝不会亦步亦趋、削足适履。

当然，女人的个性，并不是为表现而表现，它应该是一个人完全经得起推敲的内涵的折射。中国第一位女指挥家郑小瑛，用精湛的指挥技巧、优雅的气度征服了西方观众和同行，并赢得了高度的赞扬和尊敬。郑小瑛在观众的心目中永远是那种潇洒、美丽的女性。作为指挥家，她优雅得让人信服，因为她绝不像西方女指挥那样不自信地穿着男性化的燕尾服，她一开始指挥时穿的服装就锁定在黑色长裙。郑小瑛的音乐才华，使她的服装定位也成了引人注目的亮点，让人们情不自禁地为她喝彩。

对于每一个有才华有智慧的女性来说，压抑自己率真的个性是没有必要的。适度表露自己的个性，不仅是人性的解放，更是理性的选择。每一个女人都有自己独特的个性，生来就和别人不一样，女人没有必要硬把自己纳入什么模式当中，女人应根据自己的个性特点，去寻找恰当的表现形式，来获得属于自己的生活，并塑造自己独特的魅力。

5.你可以不漂亮，但必须精致

> 精致女人，精致的是一份心情，是一种生活的态度，她们绝不是花瓶，而是花瓶中那娇艳的鲜花，用绽放的青春和生命来点缀这无悔的人生。
>
> ——卡耐基

身为女人，要活得优雅，必得活得精致，在细枝末节上展示出一份美好的姿态。

优雅知性的杂志女主编梦萍，回忆起自己当年在法国留学的日子，感慨万千。

毕业那年，她四处奔波找工作，忙碌好久，却迟迟没能如愿。那样的日子再继续下去，除了回国，别无他法。她不知道问题出在哪儿，直到那位女面试官用鄙视的语气告诉她，她的形象与简历不相符。她发誓，必须用能力让她收回对自己的鄙视。可惜，对方没有给她展示能力的机会。

她的房东爱玛是个苛刻而考究的女人，她在家里给梦萍列出了N条要求——不允许十二点之后还亮着灯；不允许洗浴时间超过十分钟；不允许穿戴不整齐就进入客厅；不允许用整洁的厨房做中餐；不允许家里有客人造访时不擦口红……

梦萍坦言，她当时真的很讨厌爱玛，可奇怪的是，周围的人却都说她是一位不错的房东。

有一次，梦萍刚洗过头发，坐在床上一边看招聘消息，一边吃面包。爱玛见到后，径直地走了过来，夺下梦萍手里的报纸和面包，要她离开这里，指责她没素质。一气之下，梦萍披散着头发，穿着睡衣，披上外套走了出去。

这些年来，从来没有谁说过梦萍没素质，她傲人的成绩和出色的能力，让她一路走得都很顺遂。她的家境不错，但母亲从不娇惯她，一直提醒她，能力最重要。她想不通，为什么这里的人那么喜欢"以貌取人"！

天气寒冷，她也很饿，出门后她就去了一家咖啡馆。咖啡馆的人很多，服务生将梦萍引到一个空位上，用一种奇怪的眼神看着她。梦萍的对面坐着一位法国女士，她看起来尊贵精致，穿着十分讲究。梦萍有点不好意思，她的睡衣、运动鞋在对方的套装、丝袜、高跟鞋面前，像是一个卑微的小丑。梦萍突然觉得，若不是因为自己披了一件价值不菲的外衣，这家高级咖啡馆恐怕会将自己拒之门外。

梦萍点了一杯咖啡。服务生离开后，那位法国女士什么也没说，只是拿出一张便笺，写了一行字给梦萍。她说，洗手间在你的右后方。梦萍抬头看着她，她优雅地喝着咖啡，全然当做没这回事。梦萍尴尬至极，想起房东爱玛方才对自己的指责，竟然也觉得她没什么错。

对镜独照，看着自己一身皱巴巴的睡衣，被风吹乱的头发，嘴边沾着的面包屑，梦萍平生第一次看不起自己。她觉得，这副装扮似乎是在喻示：她不尊重自己，也不尊重他人。想起下午面试时穿着的休闲便装，她觉得那更是对一家知名企业以及那位HR经理的不尊重。

稍作整理之后，梦萍又回到了刚才的座位上，那位法国女士已经离开。她给梦萍留了一张字条，上面有一句漂亮的手写法语：身为女人，你要精致地活着，这是女人的尊严。

梦萍迅速地离开了那家咖啡馆。到家后，才发现爱玛一直在客厅里等她。刚一见到梦萍，爱玛就说她回来晚了，明天要帮她打扫房间。梦萍向爱玛道歉，同意了她的要求。不过，此时的梦萍已经对爱玛有了改观，她发现爱玛的"N条要求"给自己带来了很多益处。比如，早点休息可以让她拥有更好的精神状态；穿着优雅可以让她更自信，并赢得他人的尊重。

后来，梦萍如愿地应聘到一家时尚杂志做助理。她得体的装扮和良好的精神状态，为她赢得了上司的肯定。那位精干的女上司对她说："你非常优秀，我们欢迎你。"梦萍惊奇地发现，她的上司竟然就是上次在咖啡馆里遇到的那位女士，她是业界非常有名的杂志主编，不过她没有认出梦萍。

梦萍对她说了一声谢谢。那一句，不是客套的回应，而是发自内心的感激。她感谢这位优雅的女士给她上了一堂宝贵的课：身为女人，你要精致地活着。

精致的女人是懂得生活的女人，有着旖旎动人的本色，心细如发的柔情，她的秉性就是一种独特的韵致与馨香，是让男人爱不释手的美玉。

精致，是一种极致的学问，是随着岁月年华老去，依然刻骨铭心的"格"与"调"，怎么看，都不会厌倦；怎么听，都不会腻烦；怎么想象，依然清新。一个精致的女人更容易在爱情中占尽优势，因为她总能够将自己的优势显露出来，让自己充满魅力，让男人情不自禁地爱上她；一个精致的女人在工作中会冷静地处理突发事件，永远不会手足无措，有一份女人难得的从容、自信与淡泊；一个精致的女人会很好地把握自己的身份，是父母的好女儿，是丈夫的贤妻，是儿女的慈母，是姐妹的知己，是异性的红颜……她知道收放，懂得进退，是那种赏心于己，悦目于人的女人。所以，作为女人，不管你是否漂亮，一定要做一个精致的女人。

不是每个女人都是天生丽质，即使你无法拥有国色天香的姿容，你只要不断完善锻造自己，丑小鸭可以变成白天鹅。懂得用心地对待自己，不浓妆艳抹也不素面朝天，简约而不简单，每天把自己打扮得清清爽爽，你依然会让人心动不已。

多年前播出的偶像剧《流星花园》中，优雅娴静的静学姐对杂草女孩杉菜说："一个女孩子要时时刻刻把自己打扮得漂漂亮亮，因为说不定哪个时候就能碰见自己的白马王子。"没错，优雅不只是得体的妆容，约会时刻意的装扮，它是一种对生活的态度。

小娴是个很漂亮的女孩子，大都市中标准的白领。她经常受到诸如"你的衣服很漂亮""你的发型很时髦"之类的赞美，她会因为这些而感到骄傲。年轻的女孩子，都希望自己成为别人眼中最漂亮的那一个。

小娴的一个客户叫季宁。季宁不是那种特别耀眼的帅哥，但是很耐看。当小娴第一次看到季宁的时候，就被他的翩翩风度给吸引了。小娴很乐意与这样的绅士合作，并且日久生情，爱上了他。

在同事的鼓励下，小娴鼓足勇气向季宁表白。季宁并没有过多地表态，不拒绝也不接受，但是他允许小娴出现在他的视野里，这让小娴对自己有了更多的自信。

生日那天，季宁出现在小娴的家门口，送来一份精美的礼物。当季宁的目光扫视满屋子的狼藉和破旧的沙发后，他的眉头微微皱起，这表明这样的环境令他有些失望。微小的表情被小娴尽收眼底，她觉得很尴尬。而当季宁走进阳台看到一只脏兮兮的小狗正满地乱跑时，彻底被吓到了。只待了一会儿，季宁便称有事先走了。

转身的那一幕，深深伤害了小娴。她觉得，一个外表光鲜亮丽的自己，背地里有多么懒惰。那是一个漂亮女人背后真实的一面，被人赤裸裸地剥开了。

小娴看着被她捡来的流浪狗，正可怜巴巴地躺在那里啃骨头，身上的毛都已经卷起来了，像穿着一件多年没有洗过的旧衣服。屋子里破旧的沙发，是因为有缺陷而便宜处理的优惠商品。还有满床的衣服，她总是想着买一些漂亮的衣架将它们悬挂起来，却一直拖到现在。

以后的每一天，她都用心地整理家里的东西。家里的破旧沙发被她处理掉，新换上一个符合装修风格的软皮沙发。阳台上多了几盆赤梅，用心浇灌着。小小的衣柜买来了，将各种名牌衣服整理干净挂在柜子里。在大门处贴了一张大大的笑脸，给整个屋子增添了不少温情。

半年的改变，使她终于能够在朋友来访时不再尴尬，而是笑意盈盈。朋友看到她精心收拾的家时，也不由得美慕她的精致。

精致，如同无形的精灵，紧紧地抓住人的感官，悄悄潜入人的心灵，给人留下难以磨灭的印象；精致，不只体现在穿着打扮上，还关乎着每一个微小之处。细节最能反映一个人的本质，优雅的女性常常不是在学识、容貌上有多大的优势，而会在细微之处显出自己的与众不同。

电影《阮玲玉》中，一个女子，高高挑挑的身材，穿着单薄的旗袍，走在幽静的小巷，轻盈的走姿凸显着她美好的身段。看过这个镜头的人，无不为其倾倒。为了演出这份美丽的走姿，张曼玉曾经在多面镜子前苦练走路，最终达到出神入化之效。精致的女人就是这样，连走路的姿态也不会疏忽，每一步都带着一份优雅，一份从容，一份贵气。

小说《玫瑰门》中，女主人公司猗纹在被人抄家的时候，依然保持着最好的姿态。女作家铁凝在描述这一情节时写道："院里突然响起一片杂沓的脚步声，红的绿的影子在窗外走马灯似的晃动。司猗纹连忙放下手中的半块点心，飞速用毛巾掸掸嘴擦擦牙就推开了屋门。"精致的女人就是如此，任尔狂风骤雨，我自淡定从容。

卡耐基的夫人桃乐丝认为，精致，是一门极致的学问。怎么看都不会厌倦；怎么听都不会腻烦；怎么想都依然清新。精致地活着，是不浓妆艳抹，也不素面朝天，追求简约而不简单的大气；精致地活着，是做人群中的焦点，却不哗众取宠；精致地活着，是风情万种，却没有矫揉造作；精致地活着，是有奢华的风骨，却不沦为金钱的傀儡；精致地活着，是内心充满自信自惜，赏心于己，悦目于人，把一杯红酒喝出情调，把一件衣服穿出品位，把自爱当成被爱的基础。

6.书香四溢，魅力源自于你的底蕴

> 书就像一把金钥匙，帮助女人开阔视野，净化心灵，充实头脑。书让女人变得聪慧，变得坚韧，变得成熟。读些好书，会让女人保持永恒的美丽。爱读书的女人，不管走到哪里都是一道风景。
>
> ——卡耐基

有人说，世界有十分美丽，但如果没有女人，将失掉七分色彩；女人有十分美丽，但远离书籍，将失掉七分内蕴。读书的女人是美丽的。"腹有诗书气自华"是人人都明白的道理。的确，书是女人修炼魅力之路上最值得信赖的伙伴。依靠它，你将不惧年龄，不会因为几丝小小的皱纹而苦恼几天。因为，你已经拥有了一颗属于自己的独特心灵，有自己丰富的情感体验，你的生活将会书香四溢。

文化之于女人，不是浮华的云裳羽衣。腹有诗书的女人，好比一坛尘封已久的女儿红，开启后，香气扑面而来，令人迷醉。对于有些事情，人是无能为力的，比如外貌。但是即使没有秀美的面容，你依然可以在读书中不断培养自己的气质，经典的书籍能让你洞察世事，你的文化修养会使你与众不同，在你的身上呈现出一种高雅，一种气质，一种"可远观不可亵玩"的清冽。悦目的假花虽然艳丽，却是肤浅的。真正芳香的花，即使花朵不美丽，却韵味无穷。腹有诗书的女人，历久弥新，回味悠长，是最美的女人。

她是一个很特别的女孩。无论遇到什么事，哪怕是他人摆出一副咄咄逼人的架势，她也从不会轻易动怒。她总是莞尔一笑，给人以岁月安好的宁静。她的心如水般平静，从不对谁说刻薄的话，也不会议论别人的是非，更不会在心里怨恨任何人。她不会因爱情给爱人附加任何条件。于她，爱简单而纯粹。

她的房间里，有一面书墙，摆满了各式各样的书。她最喜欢的是一套三毛文集。她说，向往三毛与荷西的爱情，看她的文字，就像领略一段别样的旅行，字字句句都透着真善美，透着对生活的热爱。这一切，无时无刻不在敲打着她的心。

她喜欢那些有深度的作家，就像毕淑敏，向来对生命存着敬畏和关爱，教她领悟活着的可贵以及珍惜的含义。看过《预约死亡》之后，她真的去了附近的临终关怀中心，从那里走出的时候，她满眼含泪，心情沉重之余多了一分对生命的敬重。

书架上的书，是她的天堂，是她的世界。渡边淳一的《失乐园》，塞林格的《麦田里的守望者》，米兰·昆德拉的《生命不能承受之轻》、西蒙·德·波伏娃的《第二性》，鲍·瓦西里耶夫的《这里的黎明静悄悄》，全是她的朋友，她的导师。

每读一本书，她都会精心写下一些感悟。这些感悟，或发在豆瓣上，或者自己收藏。她觉得，这是心灵的收获，是生命的无价之宝。

有书陪伴的日子，她觉得生命一直在被养分滋润着，吸取着天地间的精华，在心灵开出动人的花。书，是她精神上的导师，给了她一对能够自在翱翔的翅膀，也给了她水一样的温婉性情，透明却真实，温柔却不软弱。

她已经35岁了，有家，有孩子。可这一切，并没有打乱她的书香世界。她的书墙，就是她的精神领地，那是一个没有人能够占据的世界。她坚信，未来的十年，二十年，在书的滋养下，她会比现在更从容、更自信、更优雅。

书香中的女子是温和的、善良的、宁静的。书给了女人富有女人味儿的底蕴，给了女人温文尔雅与善解人意，令女人成为男人心目中永远的靓丽风景。

岁月沧桑，时光荏苒，摧毁的可能是女人的容颜。但时间再无情，也削不去"书女"的风姿，也无法冲淡书香里走出来的女子的雅致和轻盈。

一个聪明的女人懂得从书本中增加自己的知识与见识。读书的女人是有魅力的女人，魅力是女人的护身符，它是比美丽更有价值的东西。卡耐基认为，女人的美丽会因岁月的漂洗而褪色，花开花落终有时，而女人的魅力却会因岁月的淘洗而放出耀眼的光华，会因岁月的深藏而散发出醉人的醇香。

　　魅力女人是充满书卷气息的，有一种渗透到日常生活中的不经意的品位，谈吐超凡脱俗；有一种不同于世俗的韵味，在人群中超然独立；有一种无需修饰的清丽，超然与内蕴混合在一起，像水一样柔软，像风一样迷人。

　　卡耐基的夫人桃乐丝也认为，人的心灵成长是一生中最基本和最重要的，心灵的成长需要滋养。如果你关注它，持续不断地滋养，它会健康成长，否则则会像人的肌体一样衰老和萎缩。

　　记得美国女诗人埃米莉·迪金森写过这样一首诗："他吃喝下宝贵的词语/他的灵魂茁壮成长/他不再知道他曾是穷人/也不知道他的身躯是尘埃/他在昏暗的日子里独舞/而这个翅膀的馈赠/只是一本书——自由/被一个放松的灵魂带来。"

　　这一生，无论走到什么地方，遇到什么人，过着什么样的生活。女人，都不要忘记一生的挚友和导师——书。它会让灵魂变得丰满，让生命变得纯净，让美丽化为永恒。

7.清雅芳香，让修养成为你的名片

　　　　美丽的女人，少了内在的修养，就如同一只空洞而廉价的花瓶。远远观望，姣好的模样也许能够吸引众人的眼球，可走近之后却再也无法掩饰它的真相——不够精致、不够细腻、不够自然、不够美好，这会让原本有心收藏、珍爱它的人无奈放弃。

　　　　　　　　　　　　　　　　——卡耐基

卡耐基的夫人桃乐丝说："女人可以不漂亮，可以气质一般，但是绝对不能没有修养。"

这个世界总是有一定的规则，我们需要按照规则办事，而有修养的女人，就是那些懂得规则的聪明女人。有修养的女人从来不随心所欲，也不会唯我独尊。她们深知"己所不欲，勿施于人"，所以她们能够善待别人，这种品质恰恰是女人最为美丽的一面。对于女人而言，修养不仅让她们显得美丽而从容，更能够体现出女性的道德美。一个有修养的女人，不会因为岁月的流逝而逐渐失去光彩，相反，她会因为心灵的不断净化而日益明媚。

在一次世界文学论坛会上，有一位相貌平平的小姐端正地坐着。她并没有因为被邀请到这样一个高级的场合而激动不已，也不因自己的成功而到处招摇。她只是偶尔和人们交流一下写作的经验。更多的时候，她在仔细观察着身边的人。一会儿，有一个匈牙利的作家走过来问她："请问你也是作家吗？"

小姐亲切而随和地回答："应该算是吧。"

匈牙利作家继续问："哦，那你都写过什么作品？"

小姐笑了，谦虚地回答："我只写过小说而已，并没有写过其他的东西。"

匈牙利作家听后，顿有骄傲的神色，更加掩饰不住自己内心的优越感："我也是写小说的，目前已经写了三四十部，很多人觉得我写得很好，也很受读者的好评。"说完，他又疑惑地问道："你也是写小说的，那么，你写了多少部了？"

小姐很随和地答道："比起你来，我可差得远了，我只写过一部而已。"

匈牙利作家更加得意地说："你才写一本啊，我们交流一下经验吧。对了，你写的小说叫什么名字？看我能不能给你提点建议。"

小姐和气地说："我的小说名叫《飘》，拍成电影时改名为《乱世佳人》，不知道这部小说你听说过没有？"

听了这段话，匈牙利作家羞愧不已，原来她是鼎鼎大名的玛格丽特·米歇尔。

修养，是一种由内至外散发出的能量，是一种长久融于一身的生活品味和习惯，一种源自内心的需求和表达。这看似简单的两个字，却足够让女人琢磨一辈子，学习一辈子。

有修养的女人，从不会姑息自己，苛责于人。好莱坞一位著名影星曾说："我的教育者，就是我自己。"她从未停止过对自己的鞭策，尽管她受教育不多，可是一颗自律和自尊的心，却让她把自己塑造成了一位有修养的女性。有修养的女人，善待自己，宽容别人，会真诚地聆听别人的心声，感受他人的喜怒哀乐，尊重每一个人，无论贫穷富有，无论高尚卑微。她们深知，尊重别人就是尊重自己。有修养的女人，不会在公共场合里大声喧哗，高调炫耀，更不会说出尖酸刻薄的话；她们落落大方，举止从不轻浮，永远给人如沐春风的感受。

曾经，有一位女子跟随朋友到美国的一个自然公园旅行，而后被美国人热爱露营的激情感染了，她也简单地收拾了一下车厢，加入到美国人露营的队伍。那是在一片原始森林中整理出来的一块空旷的地方，一百多辆车，一百多个露营的家庭与伙伴。晚上大家支起篝火，享受着热情与美好。人们听着音乐，烤着肉，喝着酒……第二天，当她醒来时，所有的车辆已经悄然离开了这里。她惊奇地发现，这里完全没有一百多辆车、几百口人夜宿的痕迹，地上没有任何的废弃物，连一张碎纸、一根吃剩下的骨头都没有，用来清洗的水池里也没有任何残渣，那一刻她被感动了。

卡耐基的夫人桃乐丝说："一个人，如果只有一副好看的皮囊的话，那么这个人不一定能博得众人赞赏的目光，而一个有修养的女人，却可以摒弃外表，从自己的举手投足间散发强大的魅力。"

修养不是天生的，没有一个人生下来就是一个有修养重礼仪的人。一个人的容貌是无法改变的，但是修养却可以自我提升。所以，不管你是不是一个漂亮的女人，你都要努力让自己更有修养，因为这种品性是一种可以超越容貌的光芒。

很多缺乏修养的女人外貌也是十分美丽的，但是她们粗鲁的言行，却让她们的魅力大打折扣，甚至让人心生厌恶。修养对于女人而言，就如同化妆品里的营养液。那些外在的修饰如同粉底，一瞬间就可以让女人美白起来，但是卸妆之后，还是回归到了本来面目。而营养液则不同，她的功效虽然不是立竿见影，但是却能够让女人保持恒久的魅力。

《中国美容时尚报》社长张晓梅说："我始终认为，女性的修养程度是衡量社会文明的一个重要标准，女人的修养决定着一个国家和民族的修养和前途。我特别想告诉女性朋友们的是，女性修养、女性魅力是需要用心体味和感悟的，它是女人修炼的结果。"

杰克·伦敦曾在一篇小说里写过这样一个故事：

一艘即将启程的游轮上，一群绅士与几个男孩做着游戏。一位绅士将一枚金币抛向海中，便会有男孩紧跟着跳下，谁捞到那枚金币，就归谁所有。其中，一个少年很引人注目，他就像一个发亮的水泡，灵活和矫健的动作让人大为赞叹。

这时，甲板上走来一位美丽的女子，所有的男士都被她吸引，向她大献殷勤，而游戏还在继续进行。海面突然出现了鲨鱼，大家连忙住手，那位女子却伸手向一位绅士要过硬币，忘乎所以地向海中抛去。几乎在同时，那个少年以一个漂亮的弧线向船外跃出，刚跳落到海里就被鲨鱼咬成两段。

人们都吓坏了，纷纷离开，没有谁再理睬那位美丽的女子。那女子脸色惨白，在一位绅士的搀扶下，慢慢地走回房间……

能够吸引众位绅士的注目，博得对方的好感，可以想象得到，那定是一位装扮与言辞都很出彩的女人。可是，她的举止透露出的却是罕见的粗俗与残忍，这与高尚的品位格格不入。相比之下，言辞和装扮就变成了肤浅的表象，因为她少了一颗有品质的心。

任何表面上的美丽都是短暂的，作为女人，不应该只注重外表的东西。但愿，每个女人都能够记住台湾李甲孚教授说的那番话，做一个这样的女子："她的造型那么自然端庄，她的身材那么健康修长，她的举止那么动人大方，她说话的声音那么悦耳动听，她的表达能力那么清晰机警，她的智商知识那么充实丰盈。这是我心目中的现代妇女形象，也衷心渴盼妇女们有此修养。"

第二章

温柔似水，
许你一世繁华

1.最是那一低头的温柔

> 女人，最能打动人的就是这温柔。温柔像一
> 只纤纤细手，知冷知热，知轻知重。只这么抚
> 摸，受伤的灵魂就愈合了，昏睡的青春就醒来
> 了，痛苦的呻吟就变成甜蜜幸福的鼾声了。
>
> ——卡耐基

男人最怕野蛮的女人，因为野蛮的女人是不讲道理的。一个连道理都不讲的人是很难分辨是非的。

上帝造人时，用男人的肋骨造出女人，所以，女人天生注定是血肉之躯中一种坚强的存在。只不过，她们的这种坚强隐在血肉里。但对于男人和这个世界来说，女人是温柔的。

温柔是上帝赋予女人的性格特长，它使得女人在这个世界得以生存下去。

据研究发现，当女人向外界传达某一条完整的信息时，她使用的语言只占7%，声调占38%，而另外的55%则由体态语言来传达，这是女人与男人最大的不同。男人可以用语言和简单干脆的手势表达自己的观点，而女人要表达自己的观点时，往往需要用能表达自己观点的各种小动作，才能让对方理解，而这些小动作的外部表征就是温柔。

在现代社会中，有一部分女性没有安全感，觉得爱情不可靠，婚姻不可靠，朋友也不可靠，他人都不能相信，只能相信自己。初

听起来,这样的女人似乎总是以"自我为中心",面对他人时,也总是表现得高高在上。其实,这是女人一种不自信的表现。这样的女人外表看起来很强大,内心却脆弱得不堪一击。她们只是用伪装的坚强包裹了温柔的本性,不想被伤害而已。

还有另外一部分女性,她们误认为温柔就是顺从。这些女人完全依靠他人,将他人的世界视为自己的世界。这样的女人很柔弱,也容易受伤害。

显然,这两种女人,一种完全不相信温柔的力量,一种则曲解了温柔的意思。女人的温柔是天生的,只有真正理解了温柔的含义,才能让温柔发挥出最大的力量。

我们总会羡慕那些即使不为男人做什么,也能让男人心甘情愿将其当王妃一样宠着的女人,就像这对夫妇:

男人自己开了一间洗车房,每天默不作声、按部就班地洗车。

一个女人骑着电动车过来。她穿着黑丝绒的连衣裙和黑色长靴,精致讲究。她来到男人身边,柔声细语地对男人说:"小心点,注意腰啊。"男人回头看见她,马上绽开一脸的笑容。

女人踮着脚向车房里面的小屋走去。男人笑着问:"中午在楼下的外婆湾吃的饭?"

女人轻柔地回应:"嗯。下午去逛街了,真是累死我了,我的脚快不会走路了。"

男人又笑起来:"买了什么东西?"

女人回头扬一扬眉毛,得意地说:"咱们三个人的衣服啊。"

原来他们是夫妻!旁边的客人心里想着,这个老实的男人真是有福气。

男人又笑着说:"今晚炒韭菜吧,好不好?"

女人爽快地说:"好,那我路上买。"

男人又笑着说："我都洗好了，在里屋盆里，你拿回家，切了放着，等我回去炒。"

女人轻盈地进屋收了韭菜，放到电动车的小框里，又回过头来商量道："韭菜别用鸡蛋炒了，用肉丝好不好?"语调不急不缓，温柔可人，恐怕任谁听了都不会拒绝。果然，男人笑着说："好。"

女人骑着电动车离开了。男人洗车的工作，她一指头都没有碰。

客人开始打趣男人："我从来没有见过这么温柔的女人，您真有福气，嫂子平常也是这样说话吗?"

男人哈哈笑起来："没结婚的时候她就这样，这么多年了，我们没有红过一次脸。她从来都这样，跟孩子生气的时候也是慢声细语的。"

"真是和谐家庭啊! 有这么温柔体贴的老婆，干多少活都不觉得累，是不是?"

男人很陶醉的样子："这是真的! 干活也不觉得累，她很体谅我。"

韩国某女子大学的校训——温柔征服世界，一句多么柔软又有力量的忠言。

卡耐基认为，女人的温柔是一种素质，冷酷自私的人学不会。

温柔是一种素质，它总是自然地流露出来，藏不住也装不出，想学也学不来。温柔并不是忸怩作态，也不是撒娇放嗲，更不是唯唯诺诺，百般献殷勤。温柔，只是适时停止滔滔不绝的高论，适时放弃咄咄逼人的攻击。温柔的女人聪明却内敛，与之相处的人也会被温柔的气息所感染。

女人可以不美丽，可以不年轻，但不能不温柔。一个温柔的女人，到哪儿都是惹人怜惜的。温柔的女人宽容，灿烂的笑容中渗透着亲和力，即使没有火样的热情，也会散发出一股清凉，让人产生美好的联想。

对任何人而言,女人的温柔都是强有力的武器,男人最喜欢女人的温柔。当然,这种温柔不是矫揉造作,也不是林黛玉那样的弱质纤纤。温柔的女人,和她在一起,一些内心的不愉快会烟消云散。

试想一下,一个总是喜欢争强好胜的女人,会有人喜欢吗?答案是否定的。再进一步,一个总喜欢大声说话,喜欢与人争论的女人会有人喜欢吗?答案也是否定的。既然外表的强大无法有助于事情的解决,女人为什么不充分利用自己与生俱来的温柔武器呢?

吉娜和丈夫结婚后定居在纽约,大城市的机会很多,同样压力也很大。快节奏的生活和工作性质让吉娜每天忙得团团转,生活极不规律。而老公比自己还忙,所以几乎所有的家务都落在了吉娜一个人的身上。开始的时候,每天晚上吉娜能撑到丈夫回家后吃晚饭,说几句话才休息,但后来丈夫的作息时间和自己的时间总是有时差,吉娜只好每天吃完晚餐收拾打理下房间便早早睡去。两个人可以坐在沙发上一起看电视都成了一种奢望,更别说和老公说些温柔的贴心话了。

时间过得很快,结婚三周年的日子到了,吉娜本来想下班后尽快回家,准备丰盛的晚餐,可是公司临时有事。无奈吉娜只好给老公打电话,告知自己今晚要加班,让老公自己买点好吃的,不要等她吃饭了。老公觉得吉娜平时很忙,还要打理家里的一切,于是想今天表现一下,给老婆一个惊喜。回来的路上他买了菜,在厨房忙活了半天,大展厨艺,终于完成了一桌丰盛的晚餐。可等到快十一点了吉娜才回来。看到一桌子的菜,吉娜很是感动,想到老公一直等自己,肯定饿了,就招呼老公赶紧过来吃饭。也许是许久没有说温柔的贴心话了,也许是太累了,在这个浪漫的夜晚,吉娜忘了对老公说些温柔的话。这让老公心里多少有些不悦，但考虑到老婆这么辛苦，也没说什么。

其实吉娜的老公还是很渴望几句温柔的话语。一个周末，两人终于可以同时休息′看电视的时候，吉娜突然温柔地对老公说："亲爱的，我们多久没这样一起看电视了，我很喜欢你就坐在我身边的这种感觉。"没想到老公开心地抱住她说："我亲爱的吉娜，你好久好久没这么温柔了。我还以为你不会温柔了呢。"

吉娜心里也很吃惊，一句温柔的话，就可以让老公如此感动。可是最近，自己好像对他说的温柔话少得可怜。想想之前，两人之间总是有说不完的甜言蜜语，老公总是很幸福。而如今，少了温柔的话语，老公好像也少了很多幸福感。吉娜责怪自己，怎么可以忘了每天对自己最爱的人说些温柔的话。从此以后，每天早上起来或是晚上老公回来后，吉娜都会温柔地和老公说几句贴心话，这让两人又回到了从前。

也许有人认为，温柔的女人少了一份勇气和魄力，事实并不是这样。女人的温柔是一种姿态，因此，一个拥有温柔外表、强大内心的女人，同样可以战胜人生所有苦难。

卡耐基的夫人桃乐丝说，温柔是女人安身立命的武器。温柔的女人更能品味出生活的真谛，正因如此，温柔的女人才能更好地掌控生活，成为拥有巨大能量的现代女性。

2.你若温润如水，他便许你一生宠爱

当女人温柔到了极致，就是一种力量。"糖衣炮弹"有时比真枪实弹来得更有威力，因为男人通常是吃软不吃硬的。吵架艺术的最高境界在于，既不指着他的鼻子作河东狮吼状，也不恶狠狠地跟他约法三章，而是"以柔克刚"。当你与他发生冲突时，一个温柔的举动，一个微笑可能就海阔天空了。

——卡耐基

人们常把女人比喻为水。水是柔性的东西，却可以穿透坚硬的岩石，以柔克刚就是这个道理。可以说，上天造出女人的温柔体贴，就是叫你去"四两拨千斤"。

维纳斯是从神话中走出来的完美的女人。她拥有超凡的能力，她能得到她想要的一切。古罗马以来，维纳斯成了女性魅力的典范，她代表女性的美丽风格和成功。其实，我们每一个女人都是潜在的维纳斯，每一个女人都是温和的、强大的、有所作为的。温柔细致是上天赐予你的不同于男性的一份独特的财产。

古代阿拉伯有一个叫列依的小国。人们都把列依王国的王后尊称为"斯苔"。她是个十分善良、温柔又贤惠的女人，当国王法赫尔·杜列驾崩以后，其子继位，号为玛智德·杜列。由于玛智德年纪

尚幼，只好由母后代政。

一天，强大的苏丹玛赫穆德，派了一名使者到列依，向斯莒恐吓道："你必须呼我万岁，在钱币上印铸我的肖像，对我称臣纳贡。否则，我将率军攻占你的国家，将列依纳入我们的版图。"使者还递交了一封重要的信件——战争的最后通牒。

列依王国的百姓得到这个消息，群情激愤，与敌人誓死血战的气氛笼罩着这个弱小的国家，但列依王后却宣布与敌人讲和。一时间权臣和百姓对王后的行为都百思不得其解，甚至有人诽谤她是"靠出卖身体换回权力的荡妇"，大家都怀疑她与强大的苏丹有暧昧关系。但是这个明智而坚强的王后宁愿做"坏女人"，亲自赴苏丹的鸿门宴，为自己的祖国争取和平的机会。

苏丹确实早就倾慕王后的美貌与风韵，而且宴会的地点还选在了国王的寝宫，不准王后带一个随从。苏丹的目的不言而喻，如果能得到列依王后，便也心满意足。

可事实的真相到底怎么样呢？

在华丽的苏丹床榻边，盛妆高贵的王后用温和、不卑不亢的语气对苏丹说："尊敬的玛赫穆德苏丹，假如我的丈夫法赫尔还活着的话，您可以产生进犯列依的念头，现在他谢世归天，由我代行执政，我心中思忖：玛赫穆德陛下十分英明睿智，绝不会用倾国之力去征讨一个寡妇主持的小国。但是假如您要来的话，至尊的真主在上，我绝不会临阵逃脱，而将挺胸迎战。结果必是一胜一败，绝无调和的余地。假若我把您战胜，我将向世界宣告：我打败了曾制服过成百个国王的苏丹。而若您取得了胜利，却算得了什么呢？人们会说，不过击败了一个女人而已。不会有人对您大加赞美。因为击败一个女人，实在不足挂齿。强横的苏丹听到这话很震撼，看到她那恬静无畏的表情，苏丹彻底放下了手中的屠刀。在她执政期间，玛赫穆德苏丹一直没有对列依王国兴师动武。

"斯苔"王后的高明之处就是很好地考虑了自己的性别角色，向同样强大的敌人展示了自己柔弱的一面，这等于向对手宣告："好男不和女斗，如果你还算一个有点儿胸襟的男人，就应该放弃对一个弱女子的攻击。"这样反而令对手恐惧，也就不好意思再争斗下去了。温柔就是具有这样强大的力量，它可以击退千军万马而不动用一兵一卒。

女人的温柔是一种力量，它能让仇恨、冤屈、愤怒等不良情绪都融化掉；在女人的温柔面前，所有的利益、争吵、斤斤计较都将消失殆尽；女人的温柔就像一场悄无声息的春雨，让紧张的气氛、无奈的生活与干枯的心灵都得到滋润。

上帝用了最和谐的美学原则来创造人类，它赋予了男性阳刚之美，又赋予女性阴柔之美，正是由于两性之间各有其独特的个性而形成鲜明对比，才使男女对立统一地组成了人类绝妙完美的世界。

卡耐基的夫人桃乐丝说："温柔的女人具备一种特殊的魅力，她们更容易博得男性的钟情和喜爱。这样的女人像绵绵春雨，润物细无声，给人一种温馨的感觉，令人心旷神怡、回味无穷。且这种魅力不会因年龄的增加而消失，它具有持久的生命力。"

温柔的女人就是上天派来的爱的天使。俗话说："水做的女人，泥做的男人。"有了如水般的温情，再坚硬的顽石也会消融。女人用温柔征服男人，征服世界。

刘刚下班后就立即给妻子赵蓉打电话，说自己要加班，要晚一些回家。赵蓉叮嘱他说，别太累了，加班前买点吃的，别饿着。放下电话，刘刚便点了支烟，狠狠地吸了一口。其实，他并不是加班，而是约了一位女孩一起喝茶。这个女孩年轻漂亮，浑身都充满了青春的活力，刚刚来到单位，就引起了刘刚的注意。工作中，经过几番交流，女孩便对刘刚产生了好感。起初刘刚想到自己家中的妻子便想拒绝，但最终他还是莫名其妙地接受了，或许是他无法拒绝女孩的单纯所带给他的那种怦然心动的感觉。

茶楼里，女孩羞涩地垂着眉眼不说话。刘刚看着女孩就一直在想，自己是不是该说点什么，说自己有妻子、有女儿，和她只能做好朋友。如此唐突的话语在他说出来之前，茶楼的门便开了。几个漂亮的女人坐在了他们的邻桌，只此一眼，男人便已经冷汗涔涔了：那一群女人中，有他的妻子赵蓉……

几个女人要了茶、点心和一些小零食，有说有笑，看样子很是开心。刘刚明白，赵蓉已经看到了他。但是她并没有露声色，依旧专心地与几个同伴有说有笑。赵蓉中间去了一趟洗手间，从刘刚的身边经过，刘刚感觉暴风雨可能马上要降临了。然而，赵蓉却依旧像没看到他们似的，只是回到自己的位上，催促女伴们快点吃点心，说她等下还要回家给老公做消夜。

刘刚开始坐立不安，很想过去和赵蓉打个招呼，然后给她介绍坐在自己旁边的女孩只是自己的同事，但他却不能这样。他怕女孩误会自己，给女孩造成伤害。

思前想后，刘刚只好装作没看到，直到赵蓉和女伴们离去才舒了一口气，他对女孩说他刚才看到了自己的妻子，就在自己的邻桌。女孩吃惊地问道："她看到我了吗？"刘刚说："看到了，但她却什么也没说，我跟她撒谎说今天加班……"女孩沉默了一会儿说："你妻子对你真好。"刘刚笑笑。女孩咬着嘴唇说："以后，你当我哥吧。"一瞬间，刘刚如释重负。

回家时，刘刚一直想肯定会有一场暴风雨，就算赵蓉可以原谅他撒谎，但绝不会保持沉默。然而，回到家后，赵蓉却什么也没问，依旧像往常一样给他递上暖烘烘的拖鞋，说，洗洗手吃饭吧。吃饭的时候，赵蓉就不断给刘刚夹菜，还说："我在茶楼看到你都没吃什么东西,饿坏了吧?"刘刚感到浑身不自在,就问道:"你为什么不问那女孩是谁?"赵蓉说:"应该是你同事吧?"刘刚点了点头,说:"是我的同事,加班突然取消,就一起去喝了杯茶。"赵蓉点点头,表示理解。刘刚接着问:"我这样说,你也相信吗?"赵蓉说:"我当然相信了。"刘刚有些着急地解释道:"那女孩现在是我的同事,以后也只可能是我的同事!"赵蓉说:"我知道,这个世界上最了解你的人是我。"刘刚内心激起了一股暖流,看着善良、温柔、大度的妻子,感到家是如此地温馨……

无论谁都知道吵架不是一件愉快的事情,如果真的吵架了,不要总是弄出个你对我错针锋相对,甚至相互间恶语中伤。女人为了维护婚姻,处理问题时一定要温柔一点,拿出柔情蜜意来让丈夫感受到你的宽容与大度,自然而然的问题就解决了。

卡耐基也曾经说过:"温柔是女人独有的魅力,温柔的女人是男女之间战争的终结者,是两极世界阴阳平衡的砝码。温柔使女人无坚不摧,是女人征服世界的通行证。"

3.温柔话温柔说,良言一句三冬暖

> 好话不会好好说,好人不能好好做,明明心里是美意,表达出来却生硬又强势。把假象给了别人,把真相藏在心里,这都是何必呢?
>
> ——卡耐基

卡耐基的夫人桃乐丝说："每个人的身边都有这样一个人，心直口快，得理不饶人，一张口，恨不得飞出的字都是刀子。明明是好意，明明是关心，但说出来的话让人听起来特别刺耳，难以接受。"

很多女人都是刀子嘴豆腐心，表面上说话非常狠，恨不得几句话说出来惊你个大趔趄，可实际上她们内心的想法与此大相径庭。中国有句歇后语形容这种人——"煮熟的鸭子——嘴硬"。中国女人传统含蓄，很多时候都会吃这种"嘴硬"的亏。

晚上约会结束，明明心里想让男朋友送到家门口，却在一站地外就说："别送了，我自己可以回去。"结果男朋友放心地走了，自己在心里感到万分委屈，认为男朋友不体贴、不坚持，然后自己失望地一路胆战心惊地走回家。

看男朋友在约会时不停地接电话谈事情，明明心中已经怒火中烧，嘴里还温柔地说："没关系，你慢慢打，别因为我耽误了正事……"

女人嘴上硬时，心里一定被火烧着，肯定非常难受。这样不仅会气着自己，对方还一点不领情。一旦女人的怒气因此而爆发出来，还要落下胡搅蛮缠的罪名。

一位中年出租车司机在一次出车时不小心把腰扭到了。早上准备出车时，老婆拦着，让他休息。

老婆：今天别出车了。

司机师傅：没事，用了药了，不严重，不耽误事。

老婆：你说不耽误事就不耽误事呀，那药不花钱呀，你出去再扭着，钱不白花了吗？知道现在药多贵吗？你出去一天，能把药钱赚回来吗？

司机师傅:跟你说了没事,我自己的身体我自己知道。

老婆:你知道你还把腰扭了,你知道你倒是别扭腰啊。

司机师傅觉得这话是说不通了,闷着头拿水杯准备出门去了。

老婆见拦人拦不住,冲着司机师傅的背影咬牙切齿地说:要去就去吧,今天你腰不折了就别回来!

司机师傅刚要出门,一听这话就转了回来,两个人便吵起来了。

邻居听到争吵声就赶过来了,好说歹说才把夫妻俩劝开,司机师傅带着一肚子气出车去了。

老婆跟邻居哭诉:你说我不是为了他好吗?让他休息一天怎么还成了我的不是了?到底识不识好歹呀?

老婆一肚子委屈,司机师傅一肚子怨气。而原本是妻子关心老公,老公受伤了,希望他在家休息,不要再出去工作。妻子明明是一番心意,最后却惹来一场争吵,弄得不欢而散。

谁都知道,男女之间相处,彼此保持顺畅的沟通是维系感情最好的方法。两个人相处时,把最真实的想法说出来,并不会让谁失去尊严,反而减少了误会,加深了感情。

前述故事中的女主人公,一见男人赌气带着伤痛去工作,虽在家里急得直哭,可是当着男人的面,却一句关心的话也不会说。但如果反过来,女人一开始就说我担心你的腰伤,不要过度劳累,今天在家里好好休息。男人不管是不是答应,感受到的都是关心,都会感动,绝不会与女人争吵。

所以,外刚内柔的女人表现出来的总是与内心相反的假象,内心越脆弱,表现出来的越坚强,内心越关心,表现出来的越冷漠。结果留给他人的都是坏印象:说话刺耳,习惯中伤他人,甚至是伤害他人。把别人得罪了,明明不是自己的真心,但对方又偏偏不知道。外刚内柔的女人就这样把一点点的小宠爱、小幸福、小欢乐拒于千里之外了。

醒悟过来的女人能明白，是自己把幸福推远了。没有醒悟过来的女人大概还在委屈地抱怨生活。旁观者都忍不住要问一句："何必呢？"

有的女人明明很重视自己的婚姻，也在很努力地维护。但是在这个诱惑太多的时代，不管女人怎么小心，也难防第三者的踏入。有时候，如果能够稍微退一步，也许还可以挽回一段婚姻。但如果女人因为自己的嘴巴太硬，就会把原本可以拉回自己身边的丈夫生生地推给别人，空留下自己一个人伤心。

王琴大学毕业以后，进了一家大公司上班，而且和自己青梅竹马的恋人马林走进了婚姻殿堂。两个人在生活上一帆风顺，工作上也是顺风顺水，马林短短七年间已经升到了部门经理的位置，而王琴更是厉害，已经坐到了所在公司副总经理的位置。随着两个人职位的不断升迁，工作也是日益繁忙。别人看见的都是两个人的高收入和锦衣玉食的生活，可其中的辛苦只有他们自己知道。尤其是王琴，每天应酬不断，马林想见她一面都难。

不久，马林的公司里来了一个女实习生小璐，由马林负责带她。小璐刚刚大学毕业，以前接触的男生都是充满书卷气的，现在猛然见到马林这位成功人士，自然是满心崇拜。她每天就像围着太阳打转的向日葵，整天马老师长，马老师短的。马林上班的时候，她总会冲一杯咖啡亲自送过去；马林加班的时候，她也待着不走，要么打打下手，要么给马林买点外卖送进去。

有时候马林也会给小璐讲一些家里的事情，如果说她刚开始只是崇拜，现在她有点同情这个男人了，原来他光鲜的外表后有着别人不知道的苦楚。开始小璐的努力表现只是为了得到马林的认可，后来就完全是发自内心的行动了。

小璐作为"新新人类",自然是要"跟着感觉走",喜欢就要说出来。马林当然不同意,可是小璐不是轻言放弃的人。她上班的时候都要给马林发短信,表达自己的思慕之情,周末不上班的时候更会嘘寒问暖。慢慢地,马林这颗没有人关心的老心脏又开始咚咚乱跳了。特别是小璐眨着大眼睛望着他,对他说"老师,无论什么时候,什么地方,只要你需要我,我都会在你身边"的时候,他觉得这辈子有一个人能对自己如此,夫复何求?七年的婚姻并不是地基不牢,只可惜,马林偏偏遇到了这样一个女实习生,而她手里偏偏又握着一把能划开他软肋的"手术刀",于是这场婚姻就这样慢慢被肢解了。

不过,没有不透风的墙,很快这件事就传到了王琴耳朵里。要抓第三者,不需要往别处想,一准儿是他三步之内的芳草。很快,她就把目光锁定到小璐身上。

虽然王琴平日里很忙,没有太多的时间陪马林,但她还是很在意这段婚姻的。但是由于平时工作的时候养成的强势的习惯,她并没有说软话,而是说:"我早就想把你给端了,你看你现在混成什么样子了,也就是那些涉世未深的小姑娘还把你当个宝,你赶紧滚蛋!"马林刚开始还觉得自己有些对不起老婆,被她这么一闹,干脆一点后路都不给自己留了,公开和小璐交往起来。

这样的女人看起来很坚强,其实心里很脆弱。虽然很在意对方,很在意自己的婚姻,却总是痛下狠话。着急的时候,口不择言,只想着自己出气,不考虑对方的感受。其实话刚一出口就后悔了,却因为顾及自己的面子,不主动去向对方示好。时间久了,不管多么和谐的婚姻,也会变得一团糟。

微博上有一句话:"我们总是把最宽容的样子留给别人,却把最恶毒、最伤人的话留给了自己最亲的人。"

确实，很多时候，我们敢对着发脾气、敢任性、敢直言不讳的，大多就是在自己身边了解自己、懂自己的人，他们是自己最亲密的人，在他们那里，自己很有安全感，知道自己就算伤害了他们，他们也不会因此而离开自己。

而对于陌生人，自己外在的强硬便不会有人买单了，不要说伤害，就算是话不投机，就算是一句话说得不对，都可能会因此招人厌烦。因为陌生人不了解你的性格，不会去往好的方向揣测你的用意而原谅你。所以，这样的女人没有资格去抱怨，这种亏，吃了就要自己咽下去。

那些温柔善良的女人，很快就能和他人亲近起来。而外刚内柔的女人总是需要花很多时间，化解很多误会，才能让他人了解自己。

因此，外刚内柔的性格总会让女人吃亏，如果我们有一颗柔软的心，而这颗柔软的心才是亲友、朋友们所喜欢的，为什么不用自己的柔软去关爱他们，享受这种暖暖的亲密无间呢？

4.微微一笑很倾城

> 微笑是一种勇敢，是女人最美的表情，也是生活中最美的一种姿态。
>
> ——卡耐基

蒙娜丽莎的微笑倾倒了多少人？那赛场上无论输赢，都始终带着灿烂笑容坚持到比赛的最后一刻的人，赢得了多少掌声？

而对于女人来讲，微笑也是最美丽的武器。因为一个微笑就能让你美丽倍增，全世界都会在你的微笑中黯然失色。有人说过："女人出门若忘了化妆，最好的补救方法便是亮出你的微笑。"

闹市的繁华路口，有一家精品花店，一个月内换了三位"经营者"。不是生意不好，而是女老板在寻找最合适的"卖花姑娘"。她给出的薪资，与这座城里的高级白领的薪资不相上下，招聘广告发布后，应聘者络绎不绝。几番交流沟通后，老板留下了三位女子，要她们每人经营花店一周。

A在花店工作过三年，插花、卖花对她而言，轻车熟路。有顾客上门，她便热情地介绍各种花品，述说着象征意义。几乎每一个进花店的人，离开时都会捧着一束花离开。一周结束后，女老板对她的能力表示满意。

B是花艺学校的毕业生，没有实际的经验，却心灵手巧。从插花的艺术，到插花的成本，她精心地琢磨，甚至想到把一些断枝的花朵用牙签连接，花枝夹在鲜花中，降低了很多成本。她的专业知识丰富，头脑灵活，一周结束后，为女老板节省了不少成本。

C是一个普通的待业女孩，除了卖花以外，从未在花店逗留过，她甚至连很多花的名字都无法叫上来。卖花第一天，她羞羞涩涩的，放不开手脚。可是每次进入花店，置身于花丛中，她的脸上都会泛起微笑。她的心情，如同那些盛开的鲜花，美艳动人。

因为运输与存放不当，有些花不得不被丢弃。所有的花店都承受不了这样的损失。可是，C并没有随意丢弃那些残花，她经过一番修剪，把它们免费送给路边行走的孩子。每一个前来的顾客，都会从她口中听到一句甜甜的话语——鲜花送人，余香留己。这听起来像是说给她自己，又像是说给花店，还像是说给买花的人，可谓是一句默契的心语。一周之后，没有工作经验，亦没有专业知识的她，成绩也并不逊色于他人。

最终，老板留下了待业女孩，并说："靠鲜花挣钱再多也是有限的，靠如花的热情去挣钱才是无限的。花艺可以慢慢学，可鲜花一样美丽的心灵学不来，这是一个女人的气质品性、情趣爱好、艺术修养和人生态度……"

诗人说："笑是午夜的玫瑰，是人类的春天。"是的，女人的笑在玫瑰般的优雅中挥洒着春的博大与宽容，那是世间最动容的表情，它蕴涵着一种力量，比漂亮的服饰、贵气的珠宝更加能够让女人焕发迷人的魅力。微笑着对待自己，对待周围的一切人或物，那一笑足以让黑夜变得明亮。

美国加州一位六岁的小女孩，在一次偶然的机会中，遇到一个陌生的路人，陌生人一下子就给了她4万美元的现金。

一个女孩突然得到这么大金额的馈赠，消息一传出，人们都觉得很诧异。记者纷纷找上门，访问这个小女孩："小妹妹，你在路上遇到的那位陌生人，你真不认识他么？他是你的一位远房亲戚吗？他为什么给你那么多钱？4万美元，那是很大的数目啊！那位给钱给你的先生，他是不是脑子有问题……"

小女孩露出甜美的微笑，回答说："不，我不认识他，他也不是我的什么远房亲戚，我想……他脑子应该也没有问题！为什么给我这么多钱，我也不知道啊……"尽管记者用尽一切方法追问，仍然无法探个究竟。

这位小女孩努力地想了又想，约摸过了十分钟，她若有所思地告诉父亲："就在那一天，我刚好在外面玩，在路上碰到那个人，当时我对他笑了笑，就只是这样啊！"

父亲接着问："那么，对方有没有说什么话呢？"

小女孩想了想，答道："他好像说了句'你天使般的微笑，化解了我多年的苦闷！'爸爸，什么是苦闷啊？"

原来那个路人是一个富豪，一个不是很快乐的有钱人。他脸上的表情一直是非常冷酷而严肃的，整个小镇根本没有人敢对他笑。他偶然遇到这个小女孩，对他露出了真诚的微笑，使他心中不自觉地温暖了起来，让他尘封了不知多少年的心扉打开了。

于是，富豪决定给予小女孩4万美元，这是他对那时候他所拥有的那种感觉定出的价格。

大笑如含风带沙，失了神秘；傻笑则毫无深蕴，让人看轻；冷笑仿佛冰霜，拒人十里；假笑表里不一，遭人鄙夷。而微笑则是女人的秘密武器，温暖如春风拂面，光亮如阳光普照。微笑能将人与人之间的距离拉到恰到好处，微笑能让对方产生一种微妙奇特的舒适感觉。

微笑蕴涵着丰富的含义，传递着动人的情感。微笑会使人感到亲切、安慰和愉悦。女人的妩媚，尽可蕴涵在不言的微笑之中。凡是微笑的女人都是迷人的，女人的微笑也是最动人的。

有这样一对夫妻，男人瞎掉了一只眼睛，女人是个哑巴。在生人的眼中，他们的结合无疑是不圆满的。男人在13岁那年因为贪玩，在用弹弓时误伤了自己的眼睛，从此他的整个世界都因为那一半光明的失去而日渐暗淡，直到遇到了女人。女人不会说话是天生的，这是自己哑巴父亲的遗传。但是女人会用表情说话，她能够带给男人很久不曾有过的快乐。她跳舞给他看，她在他的手掌里写下了对幸福的渴望。男人一直以来都是感动的，但越容易感动的东西越容易失去。所以男人不敢轻易地去爱她，而她把一切都看在眼里。她只是给他无尽的笑容。

没有人反对他们的婚礼，毕竟对于这样的两个生命，人们只会觉得只有他们的爱情是完整的。男人每天早晨醒来的时候第一眼看到的便是女人的脸，他惊讶于女人连睡着的时候都是微笑的。女人尽心尽力地去照顾着男人的一切，因为她记得男人说过，他希望找一个可以照顾他一日三餐的女子。于他这便是莫大的幸福。

男人的压力始终是在女人之上的，他担心失业，担心不能给女人一份完整的幸福。所以男人总是显得烦躁与忧郁，事实上他是不会失掉工作的，因为这是政府给他安排的。而且至少他也是个大学本科毕业生。但是男人依然觉得怕，怕这份来之不易的爱情会在现实中老去。女人看得出男人的心思，她很着急，她很想说，亲爱的，你不要忧伤不要彷徨，事实上老天对我们是眷顾的，我很满足；她也很想说，亲爱的，不管岁月如何变迁，我都是爱你的。可是她一句都说不出来，只能啊啊的自嘲。于是她总是微笑，对他微笑，对身边的每一个人微笑。她相信快乐是可以传播的，并且她能够转播给他。男人果真留心到了女人无时无刻的笑容，他便也会回应她一个微笑。所有的亲戚邻居们都发现了他们两个脸上的笑容。

有人跟男人说，会撒娇的女人才是美丽的。他的女人不会说话，所以一定也不会撒娇。男人摇着头说，不，她会撒娇的。她的笑容就是她最美丽的地方。以后每当男人遇到挫折时，女人都会摊开他的手掌，在手心里写下两个字：微笑。

这便是微笑的力量。微笑的确是很可爱的表情，唇角微翘，即使丑的人也变得美丽，令人顿生好感。因此，有人说微笑的女人最美丽。

卡耐基的夫人桃乐丝非常赞同卡耐基先生的话："女人最大的魅力在于她永远微笑着。"微笑着面对生活，微笑着走过四季的更送;微笑着走过岁月的洗练,微笑着爱与恨,微笑着幸福与沉默。把微笑送给身边所有深爱你或者伤害过你的人,永远微笑着,微笑着面对生活,微笑着面对一切。

微笑是盛开在人们脸上的一朵美丽的花,时时刻刻散发着迷人的芬芳。心烦意乱时,别人一个鼓励的笑,会使你心平气和地走出颓废的低谷;发生矛盾时,彼此一笑,就能"化干戈为玉帛";亲朋好友分手时,彼此赠送一份恋恋不舍的微笑,就蕴含了美好的祝愿与悠长的牵挂;与陌生人同行时,对方微微一笑,就能减少拘束,增加信任的感受。

5.大女人的气度,小女人的娇羞

> 不要只做大女人,也不要只做小女人。大女人太强,让男人望而却步;小女人太弱,又让男人们觉得累赘。要想把握好尺度,你不妨时而做大女人,时而做小女人。懂得以大女人的姿态,享受小女人的幸福,这样你就会成功一个幸福的女人。
>
> ——卡耐基

现代社会,女人要像男人一样工作,为同样的岗位竞争,承受同样的工作压力。这样的社会分工,使得越来越多的女人在潜意识里不断地强调,自己要和男人一样,完全不用依靠男人,甚至可以比男人更强大。这样的潜意识让女人不再示弱，甚至去强调自己的刚强，以证明自己是独立坚强的现代女性。

翘楚和男朋友分手时，他说："你太好了，让男人觉得惭愧。我知道，我以后不可能遇到比你更好的女人。"但他仍然离她而去了。

后来，翘楚见到了他的老婆，一个看上去病病歪歪的女人。翘楚不知道，自己为什么败给了不是对手的对手。

再后来，翘楚爱上了一个刚从军校毕业的小弟弟。当时翘楚已经在做生意，他还没有找到合适的工作，就来帮翘楚干活。又过了些日子，她们就结婚了。

他有许多朋友，只要朋友有需要，翘楚这个太太永远是第二位的。他可以为了老队友的生日把他们的结婚纪念日忘了；在翘楚怀孕期间，他可以与老队友一起去外地为小师妹的比赛捧场，完全不顾翘楚一个人在家里呕吐得昏天黑地；翘楚在医院生孩子，他被师傅喊去帮忙搬家，等孩子降生的时候，大家四处找不到他这个爸爸，原来他在师傅那里喝醉了。

向他发脾气，他也不辩白，只用无辜而漂亮的眼睛望着翘楚，让翘楚觉得完全是对牛弹琴。

翘楚是一个很强硬的女人，从来都是自己决定自己的一切，她爱他，所以同他结婚。翘楚并不刻意地要求他来爱自己，她喜欢看到他在自己身边，只要能看到他充满阳光的样子，就够了。但他的做法实在让翘楚有点寒心。其实，在他们没有孩子的时候，他是一个很喜欢孩子的人。隔壁邻居的孩子都喜欢他，他经常带他们踢球、跳绳，还给他们买冰激凌吃。没结婚之前，他是老人喜欢的好小伙子，孩子们喜欢的大哥哥，朋友们喜欢的哥们儿。结了婚之后，他依旧是那个大家都喜欢的人，可就是不肯对翘楚，对他们的家尽一点点的责任。

几次不愉快的经历之后,翘楚依旧在自我安慰:他连30岁也不到,男人成熟得比较晚,慢慢地他会好的。

翘楚不喜欢运动,但她希望儿子会是一个运动场上的好手。她希望儿子长大了,丈夫可以带他去打球做运动。但丈夫同别人家的孩子一起玩得兴高采烈,就是不肯尽做父亲的责任。他们的儿子5岁了,喜欢骑自行车,翘楚让他带儿子去骑车,他永远没有空,不是在打游戏,就是在电话里与朋友谈天。儿子告诉翘楚,他记忆中只有一次同爸爸一起玩得特别高兴,是爸爸带他去给朋友的儿子过生日,可他们自己儿子的生日他从来不记得。有趣的是,朋友的孩子过生日,他却知道买玩具、买蛋糕。

翘楚的事业一直在发展,也希望他对自己有些要求。可是几年下来,翘楚发现他根本没有什么追求。并且,他内心越自卑,对翘楚就越表现出不屑。不管翘楚怎么做,他从来都是冷嘲热讽。翘楚做成了一笔比较大的单子,在家里忍不住得意了一下子,他会突如其来地发火:“怎么?在外面的风头还没有出够,还想到家里来显示!我才不稀罕。”不是没有想过离婚,可是看到那么多问题孩子出在单亲家庭,翘楚不忍心儿子没爸爸。

翘楚在爱情方面受过伤害,实在不想再闹什么大的动静。家人从来没有人离婚,她也不希望开这个先河。翘楚甚至天真地以为,都是自己的选择,错也就错到底吧。自己可以不依赖他,不再爱他,不再指望他,就把他当作朋友兄弟生活在一起吧。遇到棘手的事情翘楚与别人商量,忙不过来就把孩子托给母亲,碰到无法与人倾诉的不愉快,就一个人去酒吧痛饮一个晚上。

可是翘楚没想到的是,他居然主动提出了离婚!

他爱上了一个女人,一个从外地来的,做过酒店服务生和钟点工,现在没有工作,住在租来的房子里的女人。翘楚看到毫无情趣的丈夫买了百合花去那个狭窄、空气中弥漫着不明气味在弄堂里打牌的女人。

如果她是一个举止高贵、容貌漂亮的女人，或者可以激起翘楚的好胜心，她或许会有争一争的念头，可是同这样一个女人争夺一个男人，让翘楚觉得连自己也会卑微起来。没有让他费太大的力气，翘楚就答应离婚了。离婚之后，翘楚曾经以特别放松的心情问过他，喜欢那个女人什么。他居然回答说："她比你有情趣，她像一个女人，你不像。"

她？比自己像个女人？那个眉毛粗粗、头发凌乱、皮肤粗糙，唇上的汗毛浓重，远看好像长着胡须的女人，比自己像女人？

他的回答很滑稽："她每天晚上都做面膜，你会吗？她晓得每种花代表什么意思，你懂吗？"

翘楚不知道，难道爱情的力量可以使那个以前从来没有尽过责任的他变得有情趣起来吗？

有一次，翘楚要去外地，儿子没有地方过周末，就让他来接孩子。他说不行，理由是他要同她过七夕。这个同翘楚在一起不在乎任何节日的男人现在居然懂得过中国的情人节。翘楚真觉得有点滑稽和可笑。

他家的老房子动迁了，他拿到了一笔动迁费，房子上有他们儿子的名字，所以翘楚觉得有必要替他打点。他拿到了40万，居然决定拿出一半来给那个女人开店！翘楚问他准备住到哪里，他说没想过。

结果，翘楚自作主张给他买下了一套离自己住处不远的房子。他住进去之后，倒是说过一句良心话，他说："你待我真好。"那一天，他神情萎靡。翘楚问他怎么了，他说跟她吵架了，她把他赶到门外头不让他进门了。

翘楚还来不及表示同情，他的手机响了。他看到号码，脸上的表情立刻明亮起来:"好了好了,不同你说了,她来电话啦,她来电话啦!"

那种表情让翘楚又一次感到心寒。为什么自己全心付出,却无法得到理想甚至正常的生活?难道男人都喜欢懦弱的女人?

太要强的女孩子总是给人一种错觉,特别是对于男性来说,他们会觉得这种女孩子很豪爽,很坚强,很独立。他们也许会赞赏或佩服,甚至把她们当成哥们、伙伴。因为男人潜意识里喜欢征服女人,喜欢被女人依赖和崇拜的感觉,他们不喜欢太过要强的女性比他们做得好,那会让他们在女性面前失去优越感和雄性角色的魅力。在他们心里,他们宁愿相信这样的女人简直就是"男人"、是哥们,所以不会去怜香惜玉,甚至当一个娇弱的女孩子与一个要强的女孩子同时站在眼前时,他们也会下意识地觉得,需要去疼惜弱小的那位女孩子。

这就是为什么在大多数爱情戏码里,越是会撒娇、会发嗲的女人,越是容易留住男人,越是冷静、独立、坚强,被男人看作缺乏"女人味儿"的女人,越是容易被拒绝。

卡耐基的夫人桃乐丝说:"无论什么样的男人,不管他强壮与否,不管他健康与否,他的内心都希望在自己女人心中是一个高大的形象,希望给自己的女人带来安全感。"所有男人都认为保护自己心爱的女人是天经地义的事情,所以女人应该是顺从地接受这一切。为心爱的女人遮风挡雨,让她开心快乐,也是每个男人虚荣自尊的表现。只要女人表现出对男人的信任与依赖,男人就会甘心为女人做一切事情,并且一直沉迷其中。所以,聪明的女人,在家里不妨做一个小女人,你会发现生活更美好。

作为泰国前总理,英拉是个名副其实的大女人。

可就在英拉回国这一年，不甘退出历史舞台的军人势力发动了又一次军事政变，引发了中产阶级为中坚力量的五月风暴事件。

而英拉任职总裁的AIS电信，是泰国最大的无线运营商，在政治运动的影响下，这家公司陷入了前所未有的困境当中。关键时刻，英拉果敢地站了出来，充分发挥出自己超强的商业才华，带领着关乎泰国名声的龙头企业，闯过了一关又一关。

英拉当选总理之后的2011年，泰国爆发了十年一遇的大洪水，造成了重大的人员伤亡和财产损失。当时，反对派趁机发难，批评英拉政府应对洪灾不力，要求英拉下台。在英拉视察首都曼谷作都乍集贸市场的一处避难所时，有记者向她询问关于辞职的事情，英拉果断地表示——拒绝辞职。相反，她呼吁曼谷被洪水淹没地区的市民保持耐心。她说，持续的洪涝灾害也使她感到疲惫，但她不会气馁，也不会放弃，必须以坚强的意志应对目前的洪水危机。

英拉无论是在商业界还是在政治圈，都表现出十足的强势，是个绝对的"大女人"。但是，一旦她回到家里，所有的强势和果敢就会瞬间转变成对家人的爱戴和温情。

英拉的丈夫阿努索对英拉有一句很到位又充满温情的评价："我的妻子温柔但很坚强。"这句话被泰国《民意报》公开发表，还配了一幅他们的全家福。照片上的英拉笑容恬静，靠在阿努索的身边，活脱脱一个小女人形象。

英拉的丈夫阿努索·安莫查，是一个相貌英俊潇洒的绅士，目前是泰国一家手机经销公司的总裁，也是一名商界精英。二人有一个儿子。

参加竞选之前，英拉和丈夫都很忙，一家三口最快乐的日子就是休息日带着儿子去小人国玩，看着儿子在草地上笑闹跳跃，然后去吃一顿大餐，是英拉最开心的时刻。工作不繁忙的时候，英拉也会下厨给儿子和丈夫做一顿碎肉黏米饭，一家三口一起吃，阳光暖融融洒下来，笼罩着一个幸福的家庭，笼罩着一个女人对生活的笃定。

无论有多么出色的商业头脑和聪明才智，在骨子里，英拉还是个小女人，会向丈夫讨要礼物；她最开心的职业也是母亲，会陪儿子睡觉，给他讲好听的故事。

有记者问阿努索："你觉得英拉最大的变化是什么？"

阿努索回答说："哦，每当我在电视上看到她的时候，也会感觉她有些什么不同了。但是在家里，我感觉她就和从前一样，还是一个温柔可人的妻子。"

由此可见，英拉虽然贵为泰国总理，但是在家里，还是一个"温柔可人"的小女人。

在外面有着"大女人"的胸襟和气魄，在家里有着"小女人"的温柔和情怀，英拉的角色转化极富智慧。所谓"物极必反"，大女子主义如果不加以控制的话，可能会发展成自大、专制、蛮横的，无视男性的价值，要求男性一切都要听命于他，进而影响到家庭的幸福。而英拉，恰恰找到了家庭和事业的平衡点。

男人的观众是女人，男人的奋斗要得到女人认可才有价值。每一个男人都希望自己的妻子小鸟依人，即使你在外面再坚强、再能干，回到家尝试着做一个"小女人"，做妻子应该尽到的责任，也让丈夫感受一下可以被依靠、可以保护女人的大男人心理吧！工作上果决干练的大女人，跟形象上和性格中透出柔柔小女人的女人味，这丝毫不矛盾。女性天生心思细腻、敏感，每个女人骨子里都有"小女人"的情怀，即使作风再强悍仍然不能改变这种柔性。

其实，小女人的处世哲学并没什么值得借鉴之处，她只是可以聪明地装糊涂，温柔地向老公撒娇，学着依赖他，让他来照顾自己，比如，累的时候她会向老公伸出双手："亲爱的老公，我累了，给我个拥抱吧！" "亲爱的，我累了，你去做饭吧，求你了！"
……男人都是有些大男子主义的，喜欢怜香惜玉，在如此娇声腻语
面前，还有哪个男人不会败下阵来，不肯乖乖就范？他会关心你的
细节，关心你吃没吃饭、喝没喝水这些琐碎，所以说做个小女人是
件多么幸福的事情啊。

"大女人"和"小女人"，不能说哪一种好，或者哪一种不好。
聪明的女人能把这两种不一样的特质给糅合一下，融为一体，张弛
有度，因势利导，平衡好家庭与事业。

6.以柔克刚，柔弱会激发男人的"保护欲"

每个人手中都握有一把"利剑"，男人的利剑是"阳刚"，女人
的利剑是"阴柔"。男人靠这把利剑驰骋"沙场"，女人则用这把利
剑征服男人的心，以此获得幸福。

张爱玲的《倾城之恋》里柳原和流苏有这样一段对话。柳原
道："有的人善于说话，有的人善于笑，有的人善于管家，你是善
于低头的。"流苏道："我什么都不会，我是顶无用的人。"柳原笑
道："无用的女人是最最厉害的女人。"

任何事物的存在都有其合理性，想要完美地发挥出各自的优
势，就要善于利用自己的天赋。传说男人的强健结实，是上帝故意
打造的。女人是用男人的一根肋骨打造的。也就是说，从人类诞生
的那一刻起，就已经注定了男人和女人的特性：男人是刚强的，女
人是柔弱的。但女人的柔弱其实是一种隐蔽的力量，若懂得唤醒它
的威力，并善加利用，就可以赢得最大的胜利，包括财富和幸福的

婚姻。

卡耐基的夫人桃乐丝认为,以柔克刚就是要女人把自己柔的一面发挥好,克制男人的刚。善于低头的女人是最厉害的女人。男人生来就有一种保护欲,同情弱者,怜香惜玉。女人如果在恰当的时候主动示弱,男人自然会被这一天然武器制服,对女人倍加呵护,百般顺从。

嘉兮是一个大大咧咧的女孩子,有时更像一个男孩子。她非常喜欢户外运动。在一次活动中,她对一起参加户外活动的亚峰心生好感。嘉兮直率的个性,主动的表白让亚峰很吃惊,但亚峰感觉他们有很多相似之处,在一起应该很对口味,于是就答应了做嘉兮的男友。他们经常参加一些户外运动,每次外出,嘉兮都不会表现得比亚峰弱,亚峰也从来不担心她会掉队。

嘉兮有个极好的闺中密友,楚琳。只是这两个好朋友,性格却大不相同,楚琳温柔可人,文静。嘉兮有时也会叫上楚琳和他们一起出去玩。

一次,他们一起参加一个骑行活动。一路上,嘉兮恣意飞扬,像个假小子似的,只顾自己痛快开心,把大家远远地甩在身后。而平时缺少锻炼的楚琳却费力地跟在大家后面。亚峰是个善良的人,他看楚琳骑得比较吃力,就常停下来帮她推推车,有时候看她实在跟不上,就慢慢陪她在后面骑一程。楚琳很不好意思,感激地对亚峰说谢谢他的照顾,这令亚峰升起一种既怜惜又疼爱的"英雄助美"气概,而这种感觉从来都没在嘉兮面前出现过。

到了目的地,休息的时候亚峰才发现他的背包侧兜被磨了一个小洞,他和嘉兮的手机、钥匙、MP4等物品全放在这里面。检查后发现,幸好只是钥匙丢了,其他一切全在,顿时心里轻松了不少。

虽然虚惊一场,不过嘉兮却不停地数落亚峰:"你真是猪头,怎么这么不小心？这下怎么办？进不了家门，我们睡哪儿，大街上吗？……"

这下朋友们面面相觑，不知说什么好。

亚峰感觉很尴尬，也觉得很没面子，不甘示弱地回应道："你以为我想丢啊，我又不是故意的，你不是也掉过东西，我怪过你吗？""我掉过什么了？""你没丢过钥匙吗？没丢过钱包吗？你没有……"楚琳看不过去了，就说了句："嘉分，我觉得你们应该庆幸。"大家都不明白楚琳的意思，掉了东西还要庆幸吗？

温柔的楚琳娓娓地说出理由："包被蹭坏完全是无意的，这不是亚峰的错。再者，掉的只是不太贵重的钥匙，回去重配就是了，吵嘴和责备也无济于事。你们应该庆幸的是，贵重些的东西，一样也没丢哦！"大家都觉得楚琳说得有理。

后来，嘉分的气消了，亚峰也免了尴尬，他很感激楚琳的解围。吃饭的时候，他们反而开香槟庆贺，庆贺手机还在、MP4还在。本来是一场几乎不能避免的恶吵，被楚琳的两句温柔之语轻而易举就化解了。

自由活动的时候，嘉分和亚峰去踢足球，她像个男孩子一样敢冲敢拼敢抢，一点都不示弱。看着她，再一对比，亚峰越来越觉得，嘉分身上缺少一种让人亲近的温柔感，反而更像他的铁哥们儿。

亚峰当初同意做嘉分的男友，一个是觉得他们有着相同的爱好，另一个是为嘉分的大胆真诚所打动。而现在，这一切似乎全成了缺点，两人的冲突越来越大，谁也不让谁，嘉分给亚峰的感觉就是一朵带刺的玫瑰，这令亚峰觉得很累。他渴望自己的爱人可以像楚琳那样，充满女人味儿，温柔而善解人意，容易相处，懂得退让。

后来他们之间的矛盾越发不可收拾，而嘉分永远不懂得退让，亚峰感觉两人的距离越来越远，最后亚峰离开了嘉今，鼓足了勇气，大胆地去追求温柔的楚琳。

看来想让一个男人很坚定地爱上你，一定是先让他觉得你需要他的保护。保护女人是男人的天性。再幼稚矮小的男人，也是个男人。要让男人对你有保护的欲望，并不是说你得时时装可怜，但适时让他看到你柔弱的那一面可以激发他想照顾你的念头，而和你更亲密。所以，不妨时常在他面前表现出温柔可人的一面，尤其是当着很多朋友的面时，给足他面子，温柔顺从，善解人意，甚至让这个男人觉得你把他视为超人，那他肯定会更疼爱你。

安雅和老公结婚较晚，结婚时两人都二十出头，彼此的生活习惯和生活观念都已经成型，不可能一结婚就产生强烈的化学反应，变得非常合拍非常顺，所以就需要磨合，这样出现一些小的矛盾和摩擦很正常。安雅是一个很内向的女人，朋友很少，除了几个闺蜜聊聊天，很少外出交际，生活方式上倾向于平淡、封闭；而她的老公和她正相反，老公非常喜欢交往，经常和朋友们利用空余的时间，三五成群小聚一下，并且乐此不疲，有几天不聚就像丢了魂，一天无精打采的。结婚以后没多久，他们两人就经常因为聚会发生冲突。问题的起因就是老公晚上下班后，经常往他那帮哥们那里跑，要不就是出去喝酒，有时夜里一两点才回来。

刚开始的时候，老公不管去哪里，都知道先和安雅沟通一下，但是吵了几次之后，老公干脆连电话都不打了，你不是吵吗，我想什么时间回就什么时间回。有的时候，她下厨做几个拿手的好菜，也都白费劲了。做妻子的当然很伤心，忍无可忍就又和老公大吵，他当然就更不愿意回家，有时候就干脆在哥们或者同事那里过夜，几天不见个人影。安雅被他气得夜夜失眠，饭也吃不下，甚至怀疑老公在外面有了别的女人，跟踪偷听，搞突然袭击，有次被老公发现后，两人矛盾更是到了白热化的地步，都冒出了离婚的念头。

有一次，安雅实在忍受不了了，就和一个好朋友说了这件事情，言语中透露出要离婚的意思，这个朋友听了以后反而笑了，她规劝安雅，婚姻是需要两个人呵护的，哪能一有问题就说离婚呢，况且你只是怀疑他有外遇，其实他可能只是在外面和朋友在一起不想回家，气气你呢？

好友告诉安雅，女人在婚姻生活中要温柔对待老公，打打闹闹解决不了问题，反而可能会加深彼此的矛盾，产生更大的问题。下次他再回来，不要和他吵了，给他准备一些夜宵，准备好洗漱用品，不要和他说话，留一个字条告诉他别生气了，吃些东西，冲个凉再睡，免得第二天没精神上班。

看到这样的建议，安雅顿时觉得自己也太低声下气了："凭什么他回来晚了，我还要这样对他？"

"凭什么？你不是想让他少出去吗？就凭这你要吸引住他，先退一步不吃亏。你先试一试吧。"

回家后，安雅强压怒火，按照朋友说的做了。第二天起床后，安雅竟然发现老公在她枕头边留了一张字条，早早就去单位了。纸条上写着："老婆，真对不起，让你操心了，以后我尽量不那么晚回来了。"有了老公的反馈，安雅就多为老公着想了，从此以后，老公在外面聚得少了，没有再那么晚回来，两人又回到恩爱的从前。

卡耐基的夫人桃乐丝认为，聪明的最高境界是大智若愚，而聪明女人的最高境界便是——懂得适时展示自己的柔弱。女人，示弱是一种蚀骨的温柔！生活不是战场，男人不是你的敌人，更不是你的对手，何必要那么锋芒毕露，展示自己的能干呢？

7.容颜可以老去，心却要始终明媚

真正的好女人，能够让人感觉到无微不至的温暖。

——卡耐基

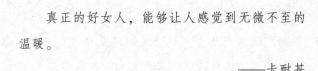

卡耐基说："温暖的女人，给人一种平实而亲切的感觉。"或许，她们是平凡的，就像是我们身边经常会见到的那些人一样。但是，当你走近温暖的女人之后，就一定会被她的气场感染。

温暖的女人不是那种盛气凌人的傲慢女子，也不会因为一件小事而喋喋不休。她们通情达理，和她接触你不会感受到任何压力，她们的脸上总带有淡淡的微笑，那是温暖女人独有的魅力。

温暖的女人并不是娇弱不堪、处处需要人照顾的弱女子，她们勤劳善良，如果给她一个家，她就能把它打理得井井有条，布置得整洁温暖，把菜做得香甜可口，与邻里相处和谐。即便是她的心中有一些烦恼，她也会自己调整好情绪，用乐观豁达的心态去面对。

温暖的女人，不会因为尊贵的出身、高学历、美丽的脸庞，而变得矜持、冷漠；温暖的女人不会用"美丽学堂"里学来的功夫作为提升身价的砝码；温暖的女人骨子里有一种亲和力，这种亲和力就是尊重内心、不媚不俗、宽容随和、通情达理。

好莱坞传奇女星奥黛丽·赫本，被人们称为是"温暖了全世界的电影明星"。在二十世纪五六十年代，正是奥黛丽·赫本的事业最为鼎盛的年代，当时世界各地的影迷把她奉为"银幕女神"，对她的作品百看不厌。

随着年事渐高，奥黛丽·赫本逐渐淡出了影视圈，但她没有因此而淡出人们的视线。赫本晚年，仍然散发着自己的光和热。1988年，她开始出任联合国儿童基金会亲善大使。在这个职位上，她经常举办一些音乐会和募捐慰问活动，还亲自到非洲的贫困地区去探望那里的贫困儿童，她的足迹遍及埃塞俄比亚、苏丹、萨尔瓦多、危地马拉、洪都拉斯、委内瑞拉、厄瓜多尔、孟加拉等很多国家和地区，受到当地民众的广泛爱戴和欢迎。1992年年底，当时已经身患重病的奥黛丽·赫本，不远万里赶往索马里去看望因饥饿而面临死亡的儿童。她的爱心与人格犹如她的影片一样灿烂人间，温暖了许多人的心灵。

1993年1月20日，赫本病逝。为表彰她为全世界不幸儿童所做出的努力，美国电影艺术和科学学院将1993年度奥斯卡人道主义奖授予了她。

人们之所以如此怀念和爱戴奥黛丽·赫本，并不仅仅是因为她惊人的美丽，而是因为她总能给身边的人带来温暖。由此可见，温暖女人的魅力，才是最恒远长久的。

卡耐基的夫人桃乐丝也认为，温暖的女人自然是美丽的，这种美丽不源于外表，而是发自于心灵。世界上最为名贵的香水也会失去香味，但是对于温暖的女人而言，她们内心深处散发出来的幽香却是经久不衰的。

伊阳，一个爱安静、爱笑的女子。从大学毕业开始，她都在利用业余时间做义工。一颗纯善的心，一份执着的坚持，让这个25岁的女子，看起来温和宁静，优雅美好。当对物质的欲望一点点地扭曲了很多人的价值取向时，她的善良更显得弥足珍贵。接触过她的人，无不被她良好的修养、温暖的气息所感染。就连那些不喜欢同人交流的自闭症少女，也愿意向她敞开心扉。

伊阳认识自闭症少女飞儿的时候，是在一个郁郁葱葱的夏天。那女孩黑亮的头发、黑亮的眼眸，给伊阳留下了深刻的印象。第一次见面，飞儿没有任何表情，伊阳没有过多地问她什么，只是告诉她外面的世界，自己遇到的人，自己开心与不开心的事。这样的交流，持续了四五次。后来，再看到伊阳的时候，飞儿竟愿意用眼睛注视她，尽管没有言语的回应，可伊阳知道她在听，用心听。

飞儿生日那天，是她们相识半年的日子。伊阳和平时一样，跟飞儿聊天，临走的时候，把礼物留给飞儿，让她回到房间再打开。飞儿打开礼物盒，那是一个可以收集阳光的罐子，还夹着一张美丽的贺卡，上面有一段隽秀的笔迹，一段温暖的字句——

"年少的时候，我总幻想把阳光装进罐子，夜晚再拿出来绽放光芒。遇见你的时候，我总希望可以给你最特别的心意，就像那一抹清晨的霞光。我坚信，每个人心里都藏着那个收集阳光的梦想，坚信一定有可以打动梦想的力量。如果你，就是梦想，让我从今天开始，为你将温暖的阳光奉上。"

那一夜，飞儿抱着阳光罐入眠，脸上露出久违的浅笑。再次见面时，飞儿递给伊阳一张字条，上面写道：谢谢你。简单的三个字，伊阳却无比满足。她知道，那颗冰冻的心就像是春日下的雪，在阳光的照射下，慢慢地融化了。雪融化了，就是春天。

温暖是一种信仰，会让女人周身充满爱的希望，让自己和身边的人更加热爱生活；温暖是一种气场，会让女人变得伟大，给周围的人带去正面的能量。《红与黑》中，于连那么执意地要接近雷纳夫人，正是因为爱上了她身上那一种温暖的感觉。作为三个孩子的母亲，雷纳夫人周身散发着母性的温暖，在那个趋炎附势的社会中，在那个视功名利禄为无限荣耀的现实中，很难找到一片纯真之地，雷纳夫人给人带来的温暖与安稳，实在弥足珍贵，令人动容。

温暖的女人，骨子里有一种亲和力，像送暖的春风，像和煦的阳光，像寒冬腊月里的炉火，像雪中送来的热炭。她们不会因为尊贵的出身、美丽的脸庞而变得冷漠高傲，也不会用美丽课堂上学来的东西作为提升身价的砝码。她们尊重别人，通情达理，宽容随和。

温暖的女人，给人带来平实与亲切的感受。她们没有盛气凌人的姿态，不会因为小事喋喋不休；她们通情达理，和她在一起不会让人感到任何压力，她们就像仲夏里绽放的向日葵，心朝阳光，脸上永远带着淡淡的笑容，走进她身旁，就会被她的温暖所感染。

温暖的女人，不是娇弱不堪、处处依赖人的弱女子，她们勤劳持家，若给她一个小家，她会把它装扮得温馨整洁，把饭菜做得可口香甜，与邻里相处融洽；就算心中偶尔荡起涟漪，冒出烦恼的泡泡，她也会很快调整好情绪，不给他人带来麻烦与压抑。

卡耐基的夫人桃乐丝说："温暖的女人，是优雅的女人。"这份优雅不源于外表，而是源自内心。世间最名贵的香水，在时间的侵蚀下，也会失去香气，可是温暖的女人从内心深处散发出来的幽香，却经久不衰。

第三章

妙语生香，
让爱情如沐春风

1.撒撒小娇，让他主动走进你的剧情里

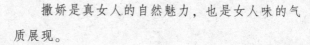

> 撒娇是真女人的自然魅力，也是女人味的气
> 质展现。
>
> ——卡耐基

漂亮的女人不一定制服得了男人，但会撒娇的女人却是男人的克星。撒娇是女人的杀手锏，比"倚天剑"还要锋利，一出手就会击中男人的死穴。很多女人一直在研究如何搞定男人，其实大可不必花费时间和精力。要搞定男人很容易，因为百分之九十九的男人都喜欢会撒娇的女人。虽然说男子汉大丈夫宁愿流血不流泪，但男人可以为女人"撒娇"而折腰。会撒娇的女人比那些腼腆内向、自视清高的女孩子更能打动男人的心，也深得周围人的喜爱。

恋爱中的女人会撒娇，其实婚后的女人更应该学会撒娇。女人婚后，慢慢地就会被柴米油盐的琐碎生活磨掉了激情，也逐渐丧失了撒娇的心情或者能力。变成了唠叨的妇人，难免让男人厌倦。对于不会撒娇的妻子，不要等到丈夫有了外遇，再来感叹，自己为什么总是被忽略，为什么自己无止境的付出却换来被抛弃？女人应当反省自己：你的身上还有没有恋爱时的魅力？做一个称职的"娇妻"，你才会发现婚姻生活的真谛。

璟雯和老公约好周五下班出去吃饭，已经到时间了，可璟雯由于工作没交接完还不能出去。心想：老公一定会生气，因为老

公最不喜欢约会迟到。忙完工作,到了约定好的饭店一看,老公果然阴沉着脸,气呼呼地坐在那。璟雯在老公的视线里缓慢地走了过去,娇柔地说:"都是这双讨厌的高跟鞋,早不崴脚,晚不崴脚,偏偏赶上这时候,唉,我疼点无所谓,可是却耽误了你的时间,真让我过意不去,不过我是希望今天可以打扮得精致美丽一些与你共赴晚宴的。"说完还一脸疼痛和自责的表情,老公心疼地说:"老婆,你崴脚了呀?你该让我去接你嘛,快让我看看还疼不疼……"

璟雯巧妙地一撒娇,就将丈夫的阴霾瞬间抹去,也让原本的一场赌气变成了夫妻的甜蜜。

一个作家说过,不会撒娇的女人,总少了点什么。著名影星陈好说:"女人一定要学会撒娇。"而香港导演王晶则笑称:"每个合作过的女星都好爱撒娇的,这样她们看起来就更加妩媚。"心理专家也评价说,会撒娇的女人最幸福。

一个自以为是的丈夫,觉得妻子能力低下,对妻子的行为总是百般地指责。一次,丈夫因为一件小事情而不满意,一连好几天对妻子都没有好脸色,妻子实在无法忍受了,她这样给丈夫写了一份"悔过书"。

亲爱的老公大人:

看到你连续几天生气,心里很是心疼和不安,深知我的错误重大,现特向你做深刻检查。因此,我在闺房里反省了一个小时八十三分零一百二十秒,喝了一瓶白开水,上了两次卫生间,但没有再化妆,以上事实准确无误,请审查。附上我的检讨报告,并请求宽恕。

经过一年多的婚姻生活,我认为老公同志勤奋聪颖,对老婆也疼爱有加，是不可多得的好老公。而身为妻子的我却不够贤惠，缺少温柔贤良，更不能得到老公的满意。以下是我对自己恶劣行径的剖析，请老公批阅：

（1）前几天的事情是我的错。你做的红烧肉虽然有点咸，但是香醇可口，我不该说你浪费了盐。我这么求全责备，完全是暗藏嫉妒之心，你想，一个女人都烧不出那么好的菜，你烧出来了，能不叫我嫉妒吗？

（2）你说喜欢章子怡的时候，我不该随口说我喜欢宋承宪，害得你两天都不理我。仔细一想，我的回答确实很不妥当，因为你的花心还局限于内地，我却冲到了韩国。

（3）星期六你丢了1000块钱，我知道我不该埋怨你，换作我，可能将另一个口袋里的2000块也一起让小偷拿去。

（4）上次你买来一只野生甲鱼，我不该信誓旦旦地冒充大厨，结果你帮厨时欢呼雀跃，闻味时垂涎欲滴，吃的时候却唉声叹气，对于你脆弱的心理而言，我烧的菜不该给予你打击，这换任何一个人都是难以承受的。

……

丈夫看了以后，不仅让妻子的幽默给逗乐了，同时更引起了丈夫对自己行为的反思。从那以后，他对妻子更多了一些体贴和疼爱。

"撒娇艺术"，其实就是古之兵法上"以柔克刚"的艺术。老子认为，柔弱胜刚强。他说："天下莫柔弱于水，而攻坚强者莫之能胜，以其无以易之。"这句话的意思是说，天下没有比水更柔弱的东西了，但是任何坚强的东西也抵挡不住它，因为没有什么可以改变它柔弱的力量。

卡耐基夫人桃乐丝认为，恰当运用"柔"，任何坚强的东西都会为之融化；巧妙地运用"撒娇"和"娇嗔"，就等于为婚姻安上了一个"安全阀"。妻子给丈夫一个笑脸、一句幽默的玩笑，绝不是软弱的表现，相反，恰恰能显示出一个为人妻者的智慧和涵养。

玛莉结婚十年了，她与丈夫并没有让婚姻成为爱情的坟墓。婚后，他们没有所谓的磨合期，更没有七年之痒，他们在这十年间一直都是和和美美地生活着。当有人问玛莉是如何保鲜自己的婚姻的，玛莉的回答只有两个字：策略。

在结婚之初，所有的家务都落在了玛莉一个人身上。丈夫下班一回家，什么事都不干已经成了习惯，开始玛莉并没有发现这是个问题，可半年过后，丈夫的懒惰让她忍无可忍，于是，她想彻底改变一下丈夫。

这天是玛莉的生日，丈夫约她在下班后到饭店庆贺一下。玛莉早早地到了相约的那家意大利餐厅，等了很久，丈夫才手捧鲜花姗姗来迟。

"结婚了，你对我就不好了，恋爱的时候你从不迟到的。"玛莉故意说。

"路上堵车，又要给你买花，我不是故意迟到。"丈夫说。

"就是故意的，就是故意的。"玛莉撒起娇来，"我要罚你。"她耍起了恋爱时的把戏。

"只要老婆大人满意，小的百分百接受。"

"这可是你说的，不要后悔。"玛莉说。

"不后悔。"丈夫说。

"好，那我就罚你洗衣服。"

"没问题。"丈夫很爽快。

"想好了，今年一年的衣服可都是你洗。"

"……行，行！都我来洗，可以吧。"丈夫没有在意，他更不想破坏当前的浪漫氛围。

从那以后，玛莉就把洗衣的任务完全交给了丈夫，偶尔丈夫不愿意干，玛莉就以"不许耍赖"为理由督促丈夫，让他拒之不能。偶尔丈夫有事，玛莉也会主动地"帮"他完成，但事后要丈夫用拥抱或亲吻作为回报。

一天，丈夫看到玛莉的手裂了一个口子，就随口问了一句："你的手怎么啦？""洗碗的时候，洗洁精太伤手了，天冷就开口子了。"玛莉说。"不行就我来洗。"丈夫心疼地随口说道。"真的，老公？"玛莉高兴得一下子抱住了丈夫。"那还有假？"就这样，玛莉把洗碗的活又交给了丈夫。开始，丈夫会习惯地饭碗一推躲在书房里看电视，这时玛莉就会对丈夫说："亲爱的，你先用洗洁精把碗洗一下，我来帮你清干净。"丈夫不得不动起手来。有时丈夫有事，玛莉也会把碗洗了，在冬天，事后她也会撒娇地把手伸到丈夫胸口内暖和一下。

就这样，不到两个月的时间，玛莉把本来都属于自己的家务，很自然地分了一些给丈夫。用游戏、撒娇的方式让丈夫勤快起来，这比直接要求他做事要好。就是丈夫有了惰性，玛莉也可以"理直气壮"地要求他把事情做了，谁叫他约会迟到呢？谁叫他心疼自己的老婆呢？丈夫做起事来也会很开心，因为他能感到自己做家务，或者说妻子要求自己做家务，是两个人浪漫的一个延续，是自己对老婆爱的体现。时间一来，丈夫也勤快了起来。从处理家务上，可以看出玛莉在婚姻的经营上是多么的睿智。

有一位心理专家说，撒娇是人与人之间的一种柔和的情愫。当女性对老公撒娇时，会让老公有被需要和被在乎的感觉。事实上，每个人都有撒娇的心理需求。这是一种亲密的表达，是一种示弱的表达方式，能够激起对方的疼爱。

撒娇是一种智慧,能够让大家来主动关爱你,激起异性的同情心。会撒娇的女人最美丽,最有女人味,一举手一投足之间,都会让男人为之心动不已。女人的撒娇是生活的调味品,也是女人征服男人的撒手锏,能激发一个男人全部的爱。谁都一眼看得穿,却又甘心被俘虏,这就是撒娇的杀伤力。有人说,会撒娇的女人是山,端庄大方;会撒娇的女人是水,柔情绵绵;会撒娇的女人是书,值得一生品读;会撒娇的女人是风景,令人流连忘返;会撒娇的女人是港湾,温馨可靠。学会撒娇,你的幸福将更有保障,你的人生将更精彩。

2.喋喋不休,并不能越过山丘

在所有的一切烈火中,地狱魔鬼所发明的狞恶的毁灭爱情的计划,喋喋不休是最致命的。它像毒蛇的毒汁一样,永远侵蚀着人们的生命。

——卡耐基

有人曾说:"唠叨是女人的天性。"她们经常会以一种反复强调的方式将自己的要求、期望或者嘱托传递给她们所爱的人。在她们的眼里,这样的方式并没有什么不妥,恰恰是一种表达的方式,她们希望可以以此来帮助丈夫改掉身上的毛病,激励他积极上进。关怀和体贴固然让丈夫感到温暖,然而,这些一旦变成了喋喋不休的反复,反而会让丈夫反感,甚至感到厌恶。

托尔斯泰伯爵夫人也发现了这一点——可惜她明白得太晚了，在她去世之前，她向女儿们承认："是我害死了你们的父亲。"她的女儿们没有回答，却抱头大哭。她们知道母亲说的是实话。她们知道，是她们的母亲用不断的埋怨、没完没了的批评和永无休止的唠叨，把父亲害死的。

但是从各方面来说，托尔斯泰和他的夫人都应该是幸福的一对才是。他是最著名的不朽小说家之一。他的两本巨著《战争与和平》和《安娜·卡列尼娜》，在世界文学史中永远闪着光芒。

托尔斯泰真是太出名了，当时崇拜他的人日夜地跟随着他，把他所说的每一个字，都速记下来，甚至是"我想我要上床睡觉了"这样的只日常语。

除名望外，托尔斯泰和他的夫人还拥有财富、社会地位和儿女们。天下似乎从来就没有比这更美满的婚姻了。在开头的日子里，他们的生活似乎太完美，太甜蜜，人们相信他们一定会白头偕老。

然而好景不长，怪事发生了。托尔斯泰慢慢改变，变成了一个完全不同的人。他对自己所写的巨著感到羞愧，并从那个时期开始，他献身于写些宣传和平，以及废除战争和贫穷的小册子。

托尔斯泰的一生是一场悲剧，而之所以成为悲剧，原因在于他的婚姻。他的夫人喜爱华丽，而他却看不起；她热爱名声和社会的赞誉，但这些虚浮的事情，对他却毫无意义；她渴望金钱财富，而他认为财富和私人财产是罪恶的事。

多年以来，由于他坚持把自己著作的版权无偿地送给别人，她就一直唠叨、责骂和哭闹，因为她坚持想要那些书本所能赚到的钱。

当他不理会她的时候，她就歇斯底里发作起来，她在地上打滚，手上拿着一瓶药片，发誓要自杀，或者威胁着说要去跳井。

当他们刚结婚的时候,他们的确非常的快乐,但过了四十八年以后,他甚至无法容忍自己多看妻子一眼。有一天晚上,这位年华已逝而心已碎的女人,由于渴望得到热情,走来跪在他的面前,乞求丈夫为她大声读出他在五十年前为自己所写的一段充满浓情蜜意的日记。当他读了那早已永远逝去的美丽的快乐时光后,两个人都悲伤地哭了。现实的生活和他们早先拥有的罗曼蒂克之梦,是多么的不同!

最后,当托尔斯泰82岁时,他再也不能忍受家里那种悲惨的气氛了,于是在一个下着大雪的夜里,他逃离了家庭。十一天后,他因肺炎病死在一个火车站里。而他临死前的唯一要求是,不许她来到他的身边。

美国专栏作家陶乐丝·狄克斯认为:太太的性格与一个男性的婚姻生活是否幸福有着极大的关系。如果太太的脾气急躁又唠叨,还爱喋喋不休地挑剔,那么,就算她拥有普天下的美德,也都无济于事。有很多男人都活得十分颓废,没有丝毫的斗志,那是因为他的太太在无休无止地打击他的每一个想法和希望。她总是长吁短叹,埋怨自己的丈夫不像别的男人那样会赚钱;埋怨她的丈夫不够体贴自己,顾及家庭;埋怨她的丈夫不像别的作家一样能写出一本畅销书;埋怨她的丈夫得不到一个好的职位……做丈夫的如果有这样一位妻子,他真的有点倒霉。可以说,太太喋喋不休的唠叨是毁坏幸福婚姻的"头号暗礁",它能一次次地慢慢将人们苦心经营和悉心建立起来的幸福和感情在一夜之间化为灰烬。

在历史上,法国拿破仑三世爱上了当时全世界最美的女人尤琴。她的高雅、青春及迷人的美貌完全征服了他,拿破仑三世甚至在一篇皇家公告中宣称,即使全国人民反对,他也绝不后悔。"我已经爱上了一位我所敬重的女士，"他说，"我从未见过她这样的女士。"拿破仑不顾全国人民的反对，执意和尤琴结了婚。

按理说，在他们的婚姻中什么也不缺，权力、财富、声望、美丽、爱情……可是，就是这样一个美丽的婚姻，却早早地走向了失败。拿破仑三世有能力让尤琴成为法国的皇后，但无法用爱情的力量来改变尤琴唠叨、挑剔的个性。

尤琴当了皇后以后，她的个性与婚前大相径庭，她不再是拿破仑三世眼里那个温柔可人的女人了，在面对自己这个在法国至高无上的夫君时，她总是唠叨个不停。

尤琴总是埋怨自己的丈夫如何不好。每次她总会唠唠叨叨，又哭又闹，还会说些威吓性的话。她还会强行冲进丈夫的书房，大发雷霆，不顾一切地辱骂丈夫。有时，就算是拿破仑三世在处理国家大事的时候，她也会对其干扰不休。

渐渐地，尤琴在拿破仑三世的眼里不再是一个高贵可爱的女人。她的唠叨，让拿破仑三世厌烦透了这个女人，拿破仑三世常说："我娶了个唠叨皇后，我再也受不了她吹毛求疵、无休无止的抱怨和骚扰了。从我回到家一直到上床睡觉，她总是不停地唠叨。"后来，拿破仑干脆到外面与自己钟情的女人约会，和情人一道去游览巴黎这座古老的城市，呼吸自由的空气。

这就是尤琴经常发牢骚所得到的结果。不错，她是贵为法国的第一夫人，她也的确是全世界最美丽的女人，但在她喋喋不休中，美丽和尊贵都不能维持爱情。因此在破坏爱情的所有恶习中，最厉害的要算唠叨了。

对于婚姻而言，喋喋不休无疑是不能踩的雷区。一旦进入这个区域，婚姻的幸福将会伴随着一处处引爆的炸弹而灰飞烟灭。所以，无论遇到什么事情，提醒和建议丈夫的话最好控制在两次以下,最多不要超过三次,特别要注意说话的口吻,千万不要带有指责和抱怨。如果那样,即使是善意关心的话,也会惹人生厌。

桃乐丝曾经说过:"用酸的东西做诱饵去抓苍蝇,效果永远不如甜的东西。"而婚姻的秘诀也在于此。聪明的女人永远不会用唠叨带给丈夫难堪或者厌烦,她们懂得如何安静地倾听丈夫的想法,抚慰丈夫的苦恼,她们善于用甜蜜的话语去鼓励和赞美丈夫。所以,女性朋友们,停止喋喋不休,试着用另外一种温和而智慧的方式与丈夫沟通,多给生活制造些甜蜜的氛围,那样你就会收获一份幸福的婚姻,尽享生活的美好。

3.学会称赞他,好男人是捧出来的

经常向丈夫说"你无论如何也不会成功"的妻子,只会让这句话更快地实现而已。每一个男人事实上都是两个人,一个是他真正的自己,另一个是他理想中的自己。能让这两种形象合二为一,只有优秀的女人能够做到。因为优秀的女人明白:让一个男人前进的动力不是指责,而是赞美。

——卡耐基

有人说女人的耳朵是与心相连的,你对她的赞美越多她对你的爱就越深。其实男人又何尝不是如此呢？在当今这个竞争激烈的社会中，每个男人的压力都相当大，特别人到中年，上有老下有小中间有事业，每天都处在极度的紧张中，人们只看到了他们坐轿车吃宴席的风光，却不知道他们的内心积郁着多少难以向人诉说的苦涩。即便是一个给人打工的普通男人，他也在承受着别人很难了解的压力和悲哀。而最能化解所有这些的只有一个人，那就是妻子。如果做妻子的在他们回到家中的时候少一些埋怨多一些问候，如果在他们失意的时候少一些挖苦多一些赞美，那么获得的将是极大的感激和深深的爱恋。

因此女人要用放大镜正视丈夫的优点，用缩小镜去窥探丈夫的缺点，用显微镜去透视丈夫的爱心。丈夫每一次获得成功，都要发自内心地称赞他。他改掉一个微小的毛病，不妨夸大他的进步，不要吝啬对老公的称赞。

凯琳是一个非常不起眼的女孩子，在一家外企公司做职员，虽然穿衣打扮很新潮，但无论如何都称不上是美女。就是这样一个女子，老公对她万分疼爱，爱情生活异常幸福。

她和老公是大学同学，老公踏实能干，毕业前夕就开始帮一个大型集团做项目。毕业后，顺利进入该集团一个分公司，短短两年时间便被提拔为产品研发经理，收入水涨船高。老公非常疼她，每次外出公干，都会记得给凯琳买时尚名牌的包包或护肤品。在家休息，也都尽量地陪着老婆，且很主动地做家务。凯琳经常自豪地说："在我眼里我老公是完美无缺的，虽然别人不这么认为，甚至连他自己也不这么认为。"的确，他的老公不算完美，文质彬彬，戴着厚厚的眼镜，既不潇洒，也不帅气。

"谈恋爱时，我就知道他的毛病，他总是把自己想得太低。"凯琳认为："这可不行，我可不想将来让我的孩子有个不自信的爸爸。所以，从上学时开始，我就天天想尽办法去吹捧他，甜言蜜语，豪言壮语，我就不信打动不了他。现在为什么他有这么大的成就，嘿嘿，还不都是我赞美夸出来的！"

事实上，男人有时就像孩子，你越是挑剔，越是指责，他就越"叛逆"。如果你哄哄他夸奖他两句，那么他反倒会听你的话，做出一些改变。有人说，好女人就是一所好学校，好男人是好女人调教出来的。有一种女人，可以让男人心甘情愿地来爱她，靠的就是一张会说话的嘴巴。平日里，不断地用自己的"捧功"来调节男人的情绪，让他对自己时刻保持激情。

每一个女人都希望丈夫能成为她理想中的那个人，要做到这一点，需要相当的智慧。要让一个男人变得优秀，就不要挑剔他，不要拿他与隔壁的某某相比，也不要设法给他巨大的压力，而应该温柔地鼓励他、赞赏他。

林业平是一个事业有成的男人，可是已经三十几岁的他却一直没有结婚，朋友们都说他是一个不安分的男人，还没有一个女人能让他安定下来。

没有想到的是，突然有一天，林业平给所有朋友寄去了结婚请柬。朋友们都很惊奇，也很好奇他的未婚妻是怎样的一个女人。

结婚那天，当林业平牵着新娘走出来，大家都很惊奇，新娘既不拥有三头六臂，也不是美得惊为天人，只是一个普通得不能再普通的女人。那么为什么她能够让林业平心甘情愿地将心在她这里安家呢？大家很是不解。

后来，朋友们私下里聊起这个话题，林业平回答说："坦率地说，我的妻子长得并不漂亮，但是，在我眼里她却是最美丽善良的女人。和她交往的时候，她从来没有给我施加过任何压力，她容忍我的一些小毛病，肯定我的每一次成功，也不嘲笑我的失败，她懂得尊重我，给我鼓励和支持。"

对丈夫发自内心的称赞，不但可以帮他改掉缺点，使他不断超越自己，还会得到丈夫加倍的疼爱。爱老公，赢得老公的爱，要毫不吝惜地表现自己的关怀与体贴。另外，女人必须要明白，对丈夫发自内心的称赞，是一条通往甜蜜爱情的捷径。

男人在外面再坚强，回到柔情似水的女人面前他就是一个孩子，他需要你拿出真心去哄，这种哄不用买棒棒糖，也不用买巧克力，只要用你女人特有的温情对他进行赞美和体贴就足够了。他们可能在外面听到一万句赞美都觉得无所谓，可是能够得到妻子的赞美他们会觉得自己非常伟大，而这种感觉最后化作的是在风霜雪雨中搏击的无穷力量和自信，以及对于自己的女人深深地感激与绵长的爱恋。

前几日，华思琴的妈妈打来电话，说她弟弟要结婚，想跟思琴夫妇再借5万块钱，因为弟弟想凑钱买一辆车。

妈妈的电话着实让思琴发愁，尽管自己的条件不差，借5万块钱没什么问题，但是，因为弟弟买房子时候，自己和丈夫也赞助了不少，现在又要借钱买车，这让自己怎么和丈夫说呀。

说来很巧，就在妈妈提出借钱的第三天，丈夫接了一单大生意，提成不菲不说，老板还给他加薪升职了，思琴一看，这机会来了。

这天晚上，思琴下厨做了一桌好菜，并特意买了一瓶红酒，等丈夫下班回来。

丈夫回来一看，问："什么好事，做这么多我爱吃的？"

思琴说："把你和别人的丈夫比比，我觉得自己很幸福，你是最能干的。这不，你加薪升职了，所以我要犒劳犒劳你。"

"我什么时候在你眼里变得那么好啦？"丈夫一边说，一边急迫伸手抓桌上的菜吃。

"你就这点不好，去，洗洗手去。"思琴打开了丈夫的手。

丈夫洗了手，两个人边喝边聊。

"我的同事经常说到你，说你能干，又说你有气魄，还说发现你现在连人也看上去更精神了，越长越年轻不说，还越来越帅了。她们观察蛮仔细的。"思琴笑着说。

"又是小倩那帮人说的吧，你的那帮死党真八卦。"丈夫说。

"小倩和淘淘他们经常说你好，我也觉得你好，你看，这个家都是你撑起来的，我知道，我弟弟也多亏你才买了房子，所以你撑起了两个家，他们看好你，也是名副其实。这不，你又加了工资又升职，我看比她们说的还好。"思琴说着，端起酒杯："我敬老公！"

两个人一干而尽。

"可是，就是有人见不得你能干。"思琴放下酒杯说："前天，妈妈打电话来，说弟弟要结婚买车，向我们借几万块钱，看你升职加薪就向你伸手，我可不同意，不能什么事都找你呀，把你累垮了，我可舍不得。"

"干吗呀，都是一家人！"丈夫说，"家里不是还有闲钱吗？闲着也是闲着，你就拿给她呗。"

"不，我不想加大你的负担。"

"放心，你老公还是有能力负担的。"

就这样，懂男人的思琴捧了捧丈夫，事情就轻易地搞定了。

思琴选在丈夫本来就高兴的时候适当赞美，这让丈夫的高兴程度大大提高，比单纯的奉承可是强上不少倍。而思琴又是在丈夫升职的时候奉承他，捧得"理所当然""天衣无缝"，丝毫看不出故意的成分，尽管她明明就是故意的。而思琴也不是只顾嘴上奉承，她还准备了一桌好菜，在行动上奉承了丈夫一番，丈夫自是很受用，这面子给的可是十足的。在适当的时候又提出自己要借钱的事，丈夫又怎会不主动答应呢？

人都喜欢别人赞美自己，尤其是要极了面子的男人。所以想要男人对你百依百顺，捧确实是一个好办法，因为在感情的王国里，女人喜欢哄，男人喜欢捧。尤其是妻子的捧，那更会让丈夫受用万分。

心理学家指出，人永远是需要认同感的，没有了认同感，就没有了向上的动力。人最喜欢的，永远都是能为他带来心理满足的人。如果你想做一个让男人爱的幸福的女人，或者想让男人纠正自己的观点或不当行为，请先学会赞美他吧。也许有的女人会说："我只赞美他，不批评他，他怎么有上进的自觉性呢？"其实和批评比起来，鼓励和夸奖更能让男人进步。

卡耐基的夫人桃乐丝说，对于女人来说，如果你想让你的爱人进步，并且获得他的好感，最简单的方法就是多赞美他、鼓励他。就像刘锦一样，用赞美和欣赏帮丈夫找回了自信，从而取得了更大的成就。其实，你也可以用这种方法，因为这个方法最适用于男人。

卡耐基也认为，你的男人如果总是能得到你诚恳的赞美，那么，无异就为你的婚姻加筑了一层强有力的保障。

4.口吐莲花,不如细细聆听

> 一名善于倾听的妻子能带给丈夫最大的安慰。可以想一下,一个温柔自然的女性正在认真地听别人的倾诉,而她所提出的问题,又说明她已经听懂对方所说的每句话,她当然最受欢迎了。无论男人还是女人,都会喜欢这种女性的,因而她也就获得了成功,在无形中拥有了不可估量的资产。
>
> ——卡耐基

卡耐基认为,一个善于倾听的女人总是能吸引男人的目光,因为她的"沉默"已经向男人传达了一个信息:这是一个善解人意的女子,她能给我一个可以停靠的港湾。

徐曼一直暗恋与她从小一起长大的青梅竹马孙磊,不过孙磊只把她当作小妹妹,并无什么特殊的情感,况且孙磊已经有了女朋友。一次,与孙磊合伙办公司的人携款跑了,让孙磊多年的辛苦付诸东流。心灰意冷的孙磊被女友一通臭骂后,心情更是沮丧到了极点,找了徐曼一起去酒吧喝酒。孙磊一瓶接着一瓶地喝,从最初的创业一点一滴说起,徐曼就仔细听着,偶尔在他新开一瓶酒的时候,说一句别再喝了,喝多了身体受不了。孙磊一直说着自己多年的苦闷和不容易,而徐曼就始终默默地听着,天亮后她叫了辆出租车，把孙磊送回了家。

第二天，孙磊还没醒来，徐曼就端来了一碗熬得香甜的粥，嘱咐孙磊的妈妈，昨天酒喝得有些多，伤到肠胃，喝碗粥可以暖暖胃。孙磊醒来后，坐在床上沉思了半天，决定去找徐曼，他发现自己再也不能忽视这个女孩的心意了。如果此刻自己不说出来，是会后悔一辈子的。他结巴着说："我想……我们能不能在一起……相处一下。"徐曼愣了半天才回过神来。盼望已久的话竟然因为自己的倾听轻而易举地赢来了，激动得双眼里充满了泪光。

一年后，他们的新婚之夜，孙磊对徐曼说："亲爱的，知道你陪我那一晚带给我的是什么吗？我第一次发现你是那么的美丽、善解人意。虽然你一直在听我的倾诉，但是，我感觉得到你的信任和肯定。这对我来说很重要也非常温暖。"

对女人来说，做男人最忠实的"倾听者"是取人之长、补己之短的良方，是双方沟通的桥梁，是抛弃错误、远离懊悔的法宝。沉默能省去许多烦恼，倾听是最大的智慧。学会倾听，你会发现世界都在对你微笑。

会倾听的女人是可爱的，她给予丈夫以信心，让丈夫心情愉悦，这样的女人是最能讨得男人欢心和宠爱的。

陈灵灵人如其名，像个百灵鸟一样声音美丽动听，于是，在高考的时候，她毫不犹豫地选择了播音主持这个专业，大学毕业后去了一家电台做主持人，主持一档心理访谈节目。

她和她的丈夫是在一个朋友聚会上认识的，参加聚会的女孩很多，陈灵灵不是最漂亮的，也不是最能说会道的，大家都热火朝天地聊天的时候，陈灵灵总是面带微笑地倾听，偶尔说上一句自己的见解。

她的特别却深深地吸引了一个人，这个人就是她现在的丈夫。聚会结束后，他千方百计地找到陈灵灵的电话号码，最终将陈灵灵娶回了家。

当有人问他为什么在那么多女孩里单单被陈灵灵吸引时，他说："在那样喧嚣的环境里，她安静地坐在那里，面带微笑地听别人说话，就像一朵纯净的百合，脸上闪现着圣洁的光辉，我真不敢相信这是一个电台主持人。后来我娶了她我才知道，一个好的主持人，不但要会说，更重要的是要善于倾听。"

作为一位称职的妻子，你要细心观察你的丈夫。特别是当丈夫心烦意乱、意志消沉的时候，你要用爱心去安抚他，让他从情绪的低谷中摆脱出来。当你的丈夫跟你说起他的烦恼时，作为妻子，要认真倾听，因为你的丈夫这时非常需要你的关心与安慰。

多隆今天非常高兴，他几乎是一路小跑着回家的，想与妻子分享他的喜悦，刚进家门，他便激动地说："亲爱的玛丽，你知道我今天有多高兴吗，我简直都不敢相信会有这样的喜事。今天实在是太重要了。我竟然参加了公司的经营管理决策会，因为上司们认为，我的那份报告实在很吸引人，他们还提出各种问题，让我来进行阐述。天哪，参加那个会议的，可全部都是公司的高层领导，他们居然要听我的建议，这实在是太令人兴奋了。亲爱的，这太棒了，你觉得……"

还没有等多隆发完感慨，悠闲地坐在沙发上看着报纸的玛丽慢悠悠地打断了他的话："哦，亲爱的，那实在是太好了。对了，你今天是不是忘记给修理铺打电话找技工了？我们家的电视机坏了还没有修理呢。你找人来看一下能不能修，如果不能修的话，我们就得去买一台新的了。你赶紧吃饭吧，吃完饭去打电话。"

多隆还想着继续说下去："哦，我知道了，这事儿简单，我一会儿就去办。哦，对了，刚才说到哪儿了，哦，对，公司的领导们让我在决策会上发言，我当时好紧张啊，磕磕巴巴的，甚至还说错了话，不过还好，他们最后都听明白了。后来，上司还让我以后多努力……"

"哦，这实在是太好了。"玛丽再一次打断了话题，"对了，亲爱的，今天杰森的老师打来电话，说孩子的成绩很糟糕，让我们多费心关注一下，不然的话，他这学期恐怕会很危险。"

听了这些，多隆实在是没有再说下去的心情了，他已经彻底失望了。在他与妻子争夺发言权的过程中，他又一次失败了。于是，他只能是深深地叹了一口气，坐下来开始吃饭，并且想着，一会儿要去给修理铺打电话，还要和孩子好好谈一谈。

听完这个故事，你有什么想法？觉得玛丽太自私了吗？其实并不是，她也只是想给自己找一个倾诉的对象，只不过她说话的时机不对。她完全可以顺着多隆，和他一起分享工作中的喜悦，然后晚一点的时候，再讲自己想到的这些事儿，这样的话，多隆便不会有这样的困扰了。

不仅多隆和玛丽遇到过这样的问题，我们生活中的很多时候都有这样的场景，似乎在男人和女人争夺话语权的过程中，落败的总是男人，女人总是会喋喋不休，而男人的话，则经常被打断。事实上，这是一种非常不礼貌的行为，长此下去，就会使得男人不想说了，觉得女人不理解自己，不关心自己。学会倾听，是非常重要的。

玛丽·威尔森曾经说过："如果听众对你说的话没有任何反应，那么相信你会因为失落而越说越糟糕。所以，简单的换位思考后你就能想明白，最好的倾听方式就是当别人向你传递信息时，如果你心里有所感触,那么你就需要马上用实际行动表现出来。"通俗一点说,就是要注意你倾听的心态,要用心去听,用心去感受。试想一下,如果你兴致勃勃地谈论一件事情的时候,却猛然间发现你的谈话对象一直在盯着电视看,嘴上偶尔"嗯"一声,你的心情会怎么样,想来不能是再糟糕了吧。相反,如果你说话的时候,对方能够十分认真地听着,眼睛也在注视着你,你甚至还能感觉到他的表情在对你做出回应,这又是怎样的情景。

所以,将心比心,要做一个好的倾听者,那便要表现出对他谈话的内容感兴趣,最起码要十分关注。要能在听的过程中,适当地发问,引导对方,这就是更深层的问题了。

很多时候,男人需要的只是听而已,他们心里或许已经有了决断,或许态度已经十分明朗,你并不需要去帮助他解决实质上的问题,只要帮他解决心理上不舒服的感觉就可以了。这个时候,除了听,你还可以有一些小的动作,来表示你对他的支持和鼓励,比如说适当点头、轻轻地握手、满满地拥抱,让他感觉你就在他身边,会一直陪着他。

一位心理学家说:"作为一个妻子应该做的一件重要事情,就是让她的丈夫尽情地倾诉在办公室里不能宣泄的苦恼。"这样的时候,我们一定要做丈夫最好的听众,而不是一心二用,心不在焉。

卡耐基的夫人桃乐丝认为,一个善于倾听的女人总是能吸引男人的目光,即便她长得不够漂亮、不够有才华。这样的女人可以给男人一份难得的安宁,让男人找到一个宁静的港湾,让心灵得到暂时的休憩。对于男人而言,没有什么比这个更重要了。娶了这样的女人,他又怎能不善待呢?

5.戒掉抱怨，让婚姻如沐春风

> 抱怨不但对我们的幸福无益，还会降低幸福
> 的指数。每抱怨一分，幸福就远离一分。与其抱
> 怨，不如培养自己拥有一颗感受身边幸福的心。
>
> ——卡耐基

抱怨是破坏关系的催化剂。生活中，如果觉得不满，如果遇到委屈，千万不要滔滔不绝地在男人面前抱怨，因为怨妇从来都不受欢迎。

有一天，一个老朋友打电话给希瑞，想和他聊聊。接到这个电话，希瑞感到诧异，因为这个朋友实在是太忙了，他怎么会有闲暇时间来约希瑞呢，会不会是他出了什么事情。于是，希瑞便匆匆地赶到了说好的地方。朋友已经在那里了，远远地看上去，朋友没有什么特别大的变化，只是能够感觉到，他整个人都非常疲倦，而且精神不是特别好。

希瑞便问他，是不是发生了什么事，或者遇到了什么困难，需要老朋友帮忙的。朋友摇摇头说：“不是，没有发生什么事，我就是太累了，想找你聊聊天。你知道，我的工作一直特别忙，而且压力也很大，最近一段时间，因为我们公司筹备建立一家新的分公司。我现在每天都要加班到很晚，整个人都快要累得晕倒了。你知道我并不是一个爱抱怨的人，工作这么累，这对于公司来说是很重

要的,我不抱怨。"

希瑞非常诧异,"可是为什么你看起来会那么憔悴啊?"

朋友苦笑着对希瑞说:"是我的太太鲁西。我每天都这么累了,但是回到家以后,鲁西不但不关心我到底有多累,反而会不停地抱怨。我只要一回家,她就开始不停地唠叨,说我不能按时回家吃饭,不能陪她去逛街买东西。而且很多时候,她总爱拿别人的丈夫来和我比,谁谁的丈夫今天陪她去逛街了,明天陪她去度假了。这样的比较让我非常恼火。我本来就已经很累了,回到家,她也不让我好好地休息一下,我觉得太辛苦了,连家里都不能让我觉得放松,我不知道还有哪里容得下我,而且鲁西根本就不能理解我。我难道不想陪她吃饭,陪她逛街吗?可是我真的很忙,她就不能理解一下,支持一下我的工作吗?我现在被她搞得心神不宁,也没法好好地工作了。"

卡耐基说,女人,请停止抱怨,只有停止找寻"另一只耳朵",才能看见自己美丽的左脸。

卡耐基也曾经有过这样一段忙得昏天黑地的日子。

那个时候,卡耐基日夜不停地赶写一部有关演讲的书籍。那段时间真是痛苦难熬,不仅对卡耐基,对卡耐基的妻子桃乐丝也一样。虽然卡耐基不用每天去公司上班,但是需要不停地泡在书房里,没有一丁点时间陪她,甚至有的时候,连话都说得不多。卡耐基每天所有的时间,除了睡觉,几乎就是泡在书房里。卡耐基从书房出来的时候,桃乐丝早已经睡着了。可以说,那段时间,卡耐基夫妇过得就是一种与世隔绝的生活。

卡耐基忙碌,桃乐丝则是孤独。幸好,卡耐基的妻子是一个睿智的女人。她没有像别的女人一样抱怨卡耐基没有时间陪她,而总是默默地帮助卡耐基、关心卡耐基。她把所有的精力都放在了卡耐基身上，把卡耐基的饮食以及其他事情都安排得非常妥当，而且，她也不会整天地围着卡耐基转，没有让卡耐基觉得厌烦。她在卡耐基忙碌的时候，并没有把自己搞得不快乐，在卡耐基专心工作的时候，她自己会出去逛逛，拜访朋友，做一些自己喜欢做的事情。

后来，卡耐基的书终于写完了，这样的日子也结束了。每当卡耐基回想起那段日子，总会为自己有这样一个可人的妻子感到幸福。当两个人遇到一些特别辛苦的日子时，女人往往是最不愉快的那一个。但是，她又必须得忍受这些不愉快，因为卡耐基需要她这样做，卡耐基的家庭需要她这样做。

女人想获得幸福，就不要把生活变成嘴里的闲言碎语。要么宽容，要么放弃。与其自暴自弃，就此沉沦，不如调整心态，重新思考。聪明的女人从不会用抱怨来计较生活，抱怨和等待往往只会让生活更糟糕，她们会试着改变可以改变的，接受无法改变的，找个合适的方式，把心里的垃圾丢掉，注入新鲜的空气。每一次的更新，都会让幸福升级。

张敏的丈夫家原先条件很差，他们在结婚买房时又借了一些外债，这给他们的婚姻生活增添了一些压力。就在结婚当年，丈夫决定下海经商：开了一家饭庄。由于缺乏经验，饭店刚开始的生意惨淡。可能是压力过大，丈夫常常喝得醉醺醺地才回家，而且脾气也变得有些暴躁，时不时毫无理由地发牢骚，和张敏争吵，张敏也常常给予还击。她常因为与丈夫的争吵而觉得婚姻无趣，丈夫的行为也让她感到很失望。

有一天夜里，饭庄的服务员打电话让张敏去店里接丈夫。张敏到了饭店里发现，丈夫已喝得不省人事了。看到丈夫痛苦的样子，张敏在心疼至极的同时,对丈夫这次酗酒行为更感到恼火。后来张敏才了解到,丈夫是为了饭店经营的事请别人吃饭才喝多的。从那以后,张敏深深地了解了丈夫的辛苦,因此她把所有的心思都放到怎样照顾丈夫上面:每天无论他多晚回来,都会给他准备一些小吃,放好洗澡水,让他在家里得到放松,使丈夫的压力得以释放。同样的,丈夫无论在外面多么累,回家时再也不冲张敏发牢骚了,可以看得出,丈夫总把压力深埋在自己的心里。丈夫常说:"老婆这么疼我,我哪还忍心对她发脾气呢!"

经过几年的努力,张敏家的饭庄越开越大,并且开了分店。在外人看来,张敏的丈夫在事业上是一个成功的男人,在家庭里是一个优秀的丈夫,可是,这其中有谁知道,丈夫这般优秀,与张敏对他的疼爱分不开呢?

卡耐基的夫人桃乐丝认为,一个好妻子,不要对自己不如意的丈夫有抱怨,应该拿出女人的温柔本色,对"毛病"较多的丈夫多一些包容,对为家打拼的丈夫多一些疼爱,这样不仅能调教出一个好丈夫来,更能避免很多夫妻间的矛盾发生。一个好丈夫,一个好妻子,就会有一个幸福和谐的家,这样的幸福最终也是属于妻子的。

6.不挑剔,别让男人成为你嘲讽的靶子

女人都想让自己的男人有出息,于是,常常会拿出一些小方法去激励男人。为了激励男人,女人们常常会忍不住把自己身边的人和事拿去和丈夫加以比较,即将自己的男人拿去作为和别人比较的

靶子，生活中，我们常常遇到以下类似的情况：

王琦的生活状况普通得不能再普通，老公只是一个普通职员，每个月领固定的薪水，饿不着也撑不着，但是，王琦心底所希望的，却不是这样的生活。

她不喜欢老公每天按部就班的生活，认为造成现在这种状况的主要原因在于老公对现实的满足，时间久了，王琦的着急，就渐渐写在了脸上。

"你看隔壁老王，才跳槽一个月就升职做经理了，他太太每天得意得很呢！"

"你看楼上的陈先生，年薪百万，要是你能赚那么多钱，我们就不用为房贷发愁了。"

"你看我们公司的小刘，才工作多久，就已经是主任候选人了。"

刚开始王琦说的时候，老公只是应付性地答应一下，但是一次、两次、三次以至于很多次过去了，老公终于受不了了。

"你看人家……"当王琦又一次说出口的时候，老公把她的话打断了。

"不要再让我看人家了，如果人家那么好，我这么没本事，你为什么不嫁给那些'人家'呢？我不是没在努力，但是你总要给我时间啊！"一向有些内向的老公忽然说出这么一大段话，把王琦吓了一跳。

"我不是那个意思……我……"王琦不知道该怎么表达自己的意思了。但是这时老公已经走进房间去了，留下王琦一个人在客厅发呆。

女人在说这些话的时候，她们不知道，她们不是在激励男人，而是拿一把杀人不见血的"利器"直戳男人的心口。男人最忌讳女人将自己拿去和人比较，认为那是在贬低自己。我们常常会看见，女人的这种比较会让本来平静的生活频起波澜，男女间会因此争端不断，吵闹不休，女人愈比较愈觉得男人缺点多，而在男人看来，女人的比较就是在贬低自己，让人无法忍受。

吕子君和妻子两人都是公务员，是让人羡慕的一对，工作稳定、住房宽敞，两人也算得上是小康阶层。

吕子君是一个高大帅气的男人，为此，吕子君的妻子没少获得众人羡慕的眼光，而她也总是以此为荣，沾沾自喜。

吕子君素来不善应酬，但每当妻子有朋友聚会时，都会坚持让他陪伴左右。吕子君拗不过妻子，也只好硬着头皮跟她去。

"你今天打那条蓝色的领带，上次看见菲菲的老公戴了，蛮好看的。""穿那双棕色的皮鞋，配上新西服，穿起来你一定比小曼的老公帅。"每次，妻子都会这样叮嘱一番。

吕子君明白妻子拉他一起聚会的真实意图：她要的是高大潇洒的他站在身边的荣耀，喜欢的是他的风度出众带给她的满足和骄傲，她享受着这种与人攀比之后的愉悦心情。

尽管妻子从不这样讲，但吕子君心里很清楚。多年的夫妻生活，妻子一举一动都逃不过他的眼睛。正因为夫妻的情分，吕子君在这方面也尽量避免与妻子产生冲突，处处让着她、迁就她。

如果生活就这样波澜不兴地一直过下去，也许吕子君夫妇还会是人人称美的一对，可遗憾的是，就在他们的生活维持原样的时候，周围的朋友、同学却早已一个个"飞黄腾达"了，不是当了县长，就是买了名车，住进了别墅。不过，吕子君向来是知足常乐之人，并没有把这些看在眼里，但妻子的想法却与他大相径庭，始终不甘落于人后。

"隔壁给孩子换了一架新钢琴，你看你给孩子买过什么？"妻子说。

"我们办公室的黄丽丽，她老公给她买了个老大的钻戒，你看你，结婚这么多年给我买什么啦?" 妻子说。

没完没了的对比让吕子君烦心不已，自己只是一个公务员，妻子这样要求自己自然是无法负担的，而这更让妻子的心理不能平衡，于是，家里的火药味也就渐趋浓重。

为了讨得妻子的欢心，为了家庭的安宁，也为了改变这种原地踏步的生活，吕子君最终决定报考博士研究生，而这也终于换来了妻子久违的微笑和体贴。

可是不久，妻子又给吕子君找到了新的比较对象。她不断地在老公面前说:菲菲的老公不久前拿到了美国的全额奖学金;淘淘的爱人已经做了教授;艾艾的男朋友从国外读完MBA归来，在一家外企就职，年薪高达10万美元。

"你什么时候和他们一样呀?" 每次比较完毕，妻子总会问这么一句。可是，妻子的这句话不仅让吕子君感觉自己离妻子期望的还很远，更让自己压力倍增。

为了不落后那些人的老公，吕子君从回家当晚就开始埋头苦读，终于在第二年考上了研究生。可是，很少有人知道，自己这一切都是为了满足妻子，希望她不再拿自己和别人比较。

这一年，岳父80岁寿诞，吕子君陪着妻子回家贺寿。寿宴之上，做总经理的大女婿送了一块价格不菲的玉石，自己开公司的二女婿献上一幅名人字画，而吕子君的贺礼只是一盒生日蛋糕。

吕子君的妻子看到后，脸上立刻露出不快。吕子君知道她心里不好受，悄悄从桌下伸手去拉妻子的手，本想安慰安慰妻子，不想被妻子一甩手躲开了。

回家之后，妻子开始数落吕子君:"你看看大姐夫二姐夫，他们高中都没毕业，你还不如他们，怎么就你这么没用。"

妻子的话实在让吕子君难以忍受了，随后，一场激烈的争吵开始了。

妻子总是将自己和别人比较，让吕子君感到疲惫不堪。他无奈地说："妻子的比较，就像套在我头上的紧箍咒，妻子一比较，我头就有要爆炸的感觉。"

吕子君的一句话道尽了天下所有男人的心声：爱攀比、好虚荣的女人实在是太"恐怖"了！

也许有些女人认为，自己的比较是为了激励男人，让他们更有上进心，可惜事与愿违，你的抱怨、比较、轻视，只会击垮男人的自信，撕掉他的自尊心，成为他前进路上的绊脚石。男人希望女人认同他，而不是用比较来贬低他。

男人心里明白，当女人真正从心底里觉得自己好的时候，是不会拿他去与别人做比较的，只有在不满的心态下女人才会拿自己来做比较，而且肯定只会比较出自己的不足之处，因为女人总是拿男人的缺点同别人的优点相比。

当然，也许女人的比较并非是真的想要挑剔男人，只是希望让他成为自己所需要的样子，而这一点恰恰是错误之处，因为女人所需要的那种十全十美的男人往往在现实中是不存在的，这就像要求一只动物要像虎一样凶猛，那么你就不应该要求它像猫一样温顺。这个道理也同样适用于女人看待男人，如果男人已经有了这个优点，那么他也就不可避免地会有另一个弱点——要一个样样都如你意的男人，是不可能的。

当然，鼓励男人发奋图强并没有错，但是，在这过程中，女人首先应该让男人感受到爱，他们才会为了爱而追求进步。否则，女人的比较只能让男人看到抱怨和不满，而不能激发他的进取心。试想，有谁愿意为了一个总抱怨自己的女人而改变呢？而且，在逆反心理的作用下，女人对自己的男人愈不满意，男人就会变得让女人更不满。

卡耐基的夫人桃乐丝说，世界上最具破坏力、最使男人感到恐惧、厌恶的，就是被他们最亲近的女人拿自己去与别人比较。所以，聪明的女人绝不会碰男人的这条底线，她们对待男人大都是鼓励和欣赏，男人也会因此对他们怜爱有加。

7.鼓励对方，比苛求更管用

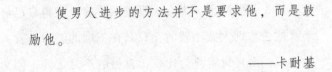

使男人进步的方法并不是要求他，而是鼓励他。

——卡耐基

不是每个男人都是骑着白马的王子，所以，请不要苛求他不够高大和英俊，不要责怪他送给你的只是一双手套而不是九十九朵玫瑰。姐妹们，要知道，正因为你的他不是王子，你才是他永远的公主，他的爱正是让你变成公主的水晶鞋。当你把要求放低，并且尝试着用鼓励代替苛责，那么他将成为最快乐、最爱你的那个人。

汤姆·强斯顿就因为有位好妻子，从而改变了对生命的认识。汤姆·强斯顿曾在战争中受了伤，他的一条腿有点残疾，并且疤痕累累。幸运的是，他仍然能够享受他最喜爱的运动——游泳。

在他出院后不久，有个星期日，汤姆和他的太太在汉景顿海滩度假。做过简单的冲浪运动以后，汤姆就在沙滩上享受起日光浴了。然而，不久他发现，其他人都在注视着他的腿。在此以前汤姆从未在意过这条受伤的腿，但现在他知道这条腿太惹眼了。

第二个星期日，汤姆的太太提议再到海滩去度假。但是汤姆拒绝了，说他宁愿留在家里休息也不想去海滩玩。他太太注意到了他的变化。"我知道你为什么不想去海边，汤姆，"她说，"你开始对你腿上的疤痕产生自卑感了。"

汤姆承认了他太太的话，以为他的太太会因此而指责他，然而他太太却说了些让他永远不会忘记的话。她说："汤姆，你腿上的那些疤痕是你勇气的徽章，你光荣地赢得了这些疤痕。不要想办法把它们藏起来，你要记住你是怎样得到它们的，并且要骄傲地带着它们。现在走吧——我们一起去游泳。"

汤姆·强斯顿带着感恩的心和太太去了海滩。他的太太已经除掉了他心中的阴影，甚至给他带来了更好的开始。

不幸的是，有许多女人做不到汤姆太太这样，用鼓励和爱帮助丈夫前进。她们虽然也希望丈夫出人头地，但却一直在讽刺他们，鄙视他们，于是她们的丈夫就永远不可能满足她们的需要。

初为人妻，若晨和大多数的妻子一样，试图把老公改造成自己希望的样子。她认为凭自己的聪明才智和辛苦努力，改造老公一定会成功。老公抽烟，不行！老公喝酒，不行！老公晚上回家累了上床就睡，不行！老公喜欢扎在朋友堆里，不行！

改造计划实施初期，若晨使出了浑身解数，甜言蜜语或高声喝骂，热情如火或冷若冰霜，能想到的办法一个都不能落下。面对老婆的改造，出于爱和责任，老公的确做出许多让步，这使得若晨充满了成就感和喜悦。

首战成功后，若晨的"改造计划"进一步升级，从对老公生活习惯的苛求，到对工作的苛求，责怪老公没有上进心，责怪老公对自己关心不够……岂不知，她在逐步蚕食着老公的自信心，同时挑战老公的耐心。

有一次若晨去同事家做客，看到同事的老公系个围裙，一直在厨房里忙乎，而让妻子和自己的同事有尽量多的时间来谈天。若晨羡慕不已，想到自己的老公平时很少下厨房，即便下厨一次，做的饭菜也不可口。有一次，若晨的老公心血来潮，打算做道从电视上学来的菜犒劳一下加班的若晨，只不过盐不小心放多了，不好再补救。不料，若晨尝了一口之后，把脸拉得很长，对老公一顿贬损挖苦，扔下筷子就不吃了，留下一脸愕然和无奈的老公。

诸多的苛求、诸多信心的打击，最终造成夫妻之间的巨大隔阂，让老公身心疲惫，无奈消极逃避，寻找各种借口流连在外，当初甜蜜的爱情出现了裂痕。失去甜蜜和温馨的生活，终于引起若晨的深刻反省，她发现自己对老公的苛刻要求，实际上是在伤害他的自尊心、打击他的自信心，对他们的婚姻生活毫无益处。真要想得到老公的爱，拥有一个温馨的家，那么首先要对老公做的就是，用鼓舞代替苛求，要奖励老公，让老公充满信心。

从此，若晨开始有意识地鼓舞老公，老公做的每一件事都给予适当的鼓励。菜烧得不好，她便耐心地示范，稍有进步，她就大加赞赏，并会给老公深情的香吻，这使老公笑逐颜开，信心倍增，厨艺大长。

一个周末的早晨，老公早早地起床，做完了几项家务之后，若晨走过来拍拍老公的肩膀温柔地说："你今天表现不错，给你加分！"老公一下糊涂了："加分，什么意思？"她一脸得意："以后咱们实行积分制度，表现好加分，表现不好扣分，过一段时间来个总结，积分多的给予奖励，积分少的给予适当的处罚。"老公马上问道："这不会是单纯为我制定的吧？""怎么会呢，我表现不好同样要受到惩罚。"一下给老公吃了定心丸。

对老公改变策略后，老公仍然有许多地方做得不完美，但若晨尽量不去扣老公的分，因为她知道，改变老公的缺点需要加分、毫不吝啬的鼓舞和奖励。一天临睡前若晨又拿起笔给老公加分，老公有些莫名其妙："我整晚都躺在沙发上看电视，什么也没有做啊！"她温柔地说："可是今晚你没有抽烟啊，怎么能不给你奖励啊？希望亲爱的继续努力！"老公受宠若惊地频频点头，一副不让老婆满意就誓不为人的势头，可爱的模样又换来老婆的香吻。

世界上本就没有十全十美的人，因此，不要对男人苛求太多，男人忍受苛求是有限度的，一个男人若总是受到老婆的苛求，他宁愿住到外面去，也不愿意回到家里来。假如你总是喋喋不休地苛求你的老公，只会让他在不良的嗜好之中越陷越深；反之，若是你用鼓舞代替苛求，学会奖励老公，他将会成为最快乐、最爱你的人。也是在有意无意地激励中，老公身上的一些缺点、不良习惯有了很大的改进，两人就能找回久违的浪漫和温馨。

卡耐基曾经说过，不要怀疑你对丈夫的影响力，你所说的每句话都会使你的丈夫改变，让他变得更好或更坏。所以，你对你说出的话要进行选择，只有那些明智的、鼓励性的话语，才能改变一个男人的消极态度，使他变得更好、更新。

刘雅和丈夫刘其江是大学同学，他们都是对方的初恋，恋爱两年后毕业就结婚了。

婚后生活在一起，刘雅发现刘其江身上有太多让她不能忍受的缺点。

每次回家，刘其江也不换鞋，就直接进房间或卫生间。平时，用过的东西随手乱丢，更不知道怎么做家务。另外，刘其江喜欢穿休闲的服装，觉得随意一点好，但刘雅觉得，丈夫个子高，穿休闲不好看，于是总是让丈夫穿成西装革履的样子。

刘雅一直认为，作为男人的贤妻，就得将男人改造得更好，于是在结婚后，她就开始实施"改造丈夫计划"。

不是说温柔是对男人最有效的武器吗？当刘其江下班回家时，她就站在门口迎接他，先给一个热烈的拥抱，然后把准备好的拖鞋放到他的脚边。为了改变丈夫随手乱丢的习惯，她时刻监督着丈夫。

"来，把毛巾晾好。""把鞋子放到鞋柜里去。"……

刘雅总是不停地纠正丈夫的错误，但每次丈夫对她的纠正不是置若罔闻就是满脸的不快，对她没有好脸色。

为了改变丈夫喜欢穿休闲装的习惯，她每天督促丈夫穿西装，并亲手为他系好领带，将他打扮得西装笔挺。

可是，刘雅"改造丈夫计划"并不顺利，效果也不太好。

江山易改，本性难移。刘其江根本不理妻子的那一套，坏毛病一点没改。出门的时候，他就会把系好的领带摘下来放进包里，依然一副休闲的模样。

有一次，刘其江穿着夹克出门了，刘雅想改一改丈夫不喜欢穿西装的习惯，硬是将刘其江拉了回来，非要刘其江换上西装，气得刘其江一甩手，大吼一声："不穿西装的话，你今天能死呀？"将刘雅摔倒在地上，刘其江看都没看，阴沉着脸走了出去。刘雅倒在地上，半天没爬起来。

结婚两年多，刘雅不但对婚前"改造丈夫"的计划完全失去了信心，甚至有些绝望，每次想让丈夫改点什么毛病，最后却总是变成伤害，加倍地还击到自己身上来，让她对两人的相处、对这个家的未来越来越沮丧。

卡耐基的夫人桃乐丝告诫大家,不要苛求一个男人完全成为你心目中的样子,如果你抱着要改变他的心态和他在一起,你可能会非常失望。因为每个进入婚姻的男人,都像刚刚入幼儿园的孩子,需要你告诉他,应该怎么做。如果你爱他,就应该包容他的缺点,爱屋及乌。金无足赤,人无完人。如果你觉得难以忍受,那是你爱他不够。

很多女人在家庭中对丈夫给予否定和讽刺,主要目的是想激发他的上进心,希望他在讽刺和挑剔之后有所改变。但是古今的事实都表明,这种方式不仅是徒劳无功的,同时,还会增添丈夫对你的厌恶和反感,长此以往,他会立即想与你结束婚姻生活。所以,要做一个幸福的女人,就不要再带着讽刺和嘲笑的语气去否定你的男人了,它是损害你气质,削减你魅力,毁掉你幸福的强有力的"武器"。

第四章

幸福如沙漏，
圈养不如放养

1.男人如风筝，该放就放

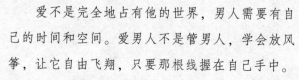

> 爱不是完全地占有他的世界，男人需要有自
> 己的时间和空间。爱男人不是管男人，学会放风
> 筝，让它自由飞翔，只要那根线握在自己手中。
>
> ——卡耐基

有一位婚姻专家说过这样的话："大多数男人对婚姻有种恐惧感，害怕走进婚姻就失去了自由；大多数女人对婚姻也有种恐惧感，害怕在婚姻里失去了爱情。于是，男人在婚姻里想方设法要得到自由，女人则想方设法拴住自己的男人试图抓住爱情。"聪明的女人会从这句话中发现这样的定律：男人是野生动物，喜欢放养不喜欢圈养。

很多女人在结婚后都怕丈夫变成脱缰的野马，或者是掉进别的女人设下的陷阱里。于是，千方百计地想要"看住"男人，她们仿佛在一夜之间成了超级侦探，对丈夫总是管教有加、步步设防、层层加锁，害得男人们总是抱怨再也没有以前的日子了！

那么，男人口中以前的日子是怎样的呢？以前的日子是可以自由支配自己的时间，不用下班之后立马回家，可以做自己喜欢做的事，不用事无巨细都要向老婆报告，偶尔喝点小酒，抽点小烟，不用忍受老婆的白眼……女人或许会说，我这都是因为爱，因为担心。我们相信，任何一个女人对自己丈夫所做的一切，都是出于好意。但是，你有没有问过男人：他们最想要的是什么呢？

有个国王很喜欢微服巡游。一次，他在巡游途中遇刺，在随从的拼死保护下才逃离险境，惊慌失措的他拼命地向前跑，可这个时候一条汹涌澎湃的大河挡住了他的去路，在前有洪流后有追兵的情况下，国王绝望了。刚好，河里一只神龟向他游来，说它驮他过河。但前提是，国王必须正确回答一个全世界最困难的问题才能获得自己的帮助，国王迫不及待地答应了神龟的条件。

于是神龟问道："男人最想要的是什么？"

对于一个男人来说，这似乎并不是什么难题，可是，国王却一下子懵住了，他请求神龟先把自己驮过河，给自己一周的时间来寻找答案，然后再回答它。

神龟同意了国王的请求，但同时告诉他说："如果一周之后你不信守承诺，你就会因此遭得到可怕的报应。"

国王回到王宫之后，立即召集所有臣子和国内有名的智者，让大家找出答案，有的说是权势，有的说是金钱，也有的说是美色，答案五花八门，但都不是很理想，眼看期限就要到了，结果大家都为想不出答案而愁眉苦脸。

就在这个时候，有一位巫师求见，说他有标准答案。国王立即召见了他。

这个又老又丑的巫师说："我可以化解国王的危机，但是，我必须娶美丽的公主为妻。"孝顺的公主毫不犹豫地答应了这个条件。

巫师说的答案是："男人最想要的是能主宰自己的生活方式。"国王带着答案去找神龟，神龟听了这个答案后，称赞国王是全世界最聪明的男人，满意地游走了。

回到宫中之后，国王信守承诺给巫师和公主举办了盛大的婚礼。喜宴上巫师难看的吃相让周围的人没有了一点食欲，更让人觉得不能容忍的是他还边吃边大声地放屁，不时发出的不雅笑声让人觉得毛骨悚然。但是，漂亮的公主自始至终都没有说什么。

　　当所有宾客散尽后，巫师换下礼服，洗完澡出来的时候，美丽的公主简直不敢相信自己的眼睛，因为眼前的男人根本不是那个丑陋的巫师，而是一个英俊潇洒，风度翩翩的年轻绅士。

　　他对公主说："因为你信守承诺，并且容忍我在喜宴中放肆地丢你的脸面，所以，我决定往后每天当中有十二小时变成最温柔体贴的男人来照顾你、陪伴你，你可以决定我是白天变还是晚上变，但是，决定之后就永远无法改变了。"

　　美丽的公主顿时陷入两难的局面。想了半天，最后对巫师说："你自己决定何时要扮演你喜欢的角色就可以了，我不干涉你的生活方式。"

　　巫师听了很高兴，说："由于你的包容与智慧，我决定天天二十四小时都是世界上最温柔、最英俊的丈夫，我要用我的全部力量来陪伴你、照顾你。"

　　这个寓言告诉我们，一个男人真正想要的是主宰自己的生活，只要我们满足了他的愿望，他就会变成世界上最好的老公。每一个人都有一种潜能，这种潜能在遇到爱和包容后，就会完全地释放出来。婚姻生活中，女人最大的智慧不是控制你的男人，而是"放养"你的男人，唯有如此，你才有可能获得更大的惊喜，才能获得婚姻生活中真正的幸福。

　　很多人会说，"放养"男人，说着容易，做起来却很难，男人天生就有那么多花花肠子，太过放纵会让他忘记回家。其实，这是你对你们的爱情的不自信，对你自己的不自信，如果有爱，他会永远记住回家的路，如果没有爱，就算你用重兵把守，还是留不住他，那么，我们何必让自己活得那么累？

　　电影里面有一句经典台词："视觉容易产生审美疲劳，从而毒化婚姻品质。"再美的东西看多了也会腻，夫妻双方保持一定的距离是非常重要的，如果整天喜欢黏在丈夫身后，要让丈夫时刻生活在自己的眼皮底下，久而久之就会让对方感到厌烦，甚至会导致婚姻破裂。

卡耐基的夫人桃乐丝说："解除对男人的禁锢，也是女性自身的解放。"一个理性的女人，就要让自己的爱收放自如，让男人有自己的生活空间，独立的社交圈子。不管你的男人将这些快乐的自由时间做什么安排，只要他不将某种嗜好变成恶习，你如果都能尽量满足他，这样的爱才不会让对方感到压力，而你才会拥有最幸福的婚姻。

雯雯和丈夫原来都是教师，前几年丈夫辞职去做生意，不出几年就成了一个大老板。作为"大款"的妻子，雯雯完全可以养尊处优，但她一直没有放弃自己的职业，因为丈夫只顾忙生意，家里的一切都落在了雯雯的身上。雯雯在教书的同时，还要照顾一个9岁多的女儿，生活很辛苦。

有朋友劝雯雯，当老师的月工资还不够丈夫一顿饭，干脆辞职别干了，一心一意相夫教子，多花点心思拴住丈夫的心吧，虽说丈夫目前很忠诚，可说不准以后会花心——有钱的男人总让人放心不下。

雯雯听后总是一笑了之，其实她有自己的道理。自己和丈夫从同学到夫妻，彼此都很了解，她相信他。当然更重要的，她对自己有信心，她有能力做好老师、母亲和妻子。雯雯每天按自己的节奏生活着，照顾好女儿，教导好学生，整理家务。丈夫因为要忙生意，有时一个月也难得回来两次。

雯雯总是那么不露声色，极少埋怨丈夫的忙碌，相反，她十分体贴丈夫。男人干事业太辛苦，她经常提醒他，要注意保重身体。顺风顺水时提醒丈夫保持清醒，遭遇挫折时给丈夫鼓励。周围的女人不是埋怨丈夫太窝囊，就是抱怨丈夫太花心，而雯雯这边风景独好，丈夫越来越能挣钱，对雯雯依然一往情深，丈夫总是尽可能地去多陪一陪老婆和女儿。朋友都说雯雯找了一个又有钱又有情的男人，幸福得让人羡慕。

鱼离开水就会窒息而死，因为水是鱼的世界，只有在自己的世界里鱼儿才能生存。于是男人们一个个都大喊："我要做自由的鱼!"试图逃离女人的狭小世界，在外面自在遨游。可是男人越是要自由，女人就越是把男人牢牢地困在自己的世界里，不给他一丁点儿的机会，生怕一个不小心男人就被外面的世界迷住了，就离自己越来越远抓不住了。结果，男人就这么活活被困死在女人的手中，而女人也是痛苦不已。

事实上女人大可不必如此，男人想自由就让他做自由的鱼好了，只要他离不开你不就行了吗？因为鱼儿生存不仅需要水，还需要水里的空气。鱼儿离不开空气，不过它需要的空气只是那么一点点，它不需要太多，太多的空气反而会害了它。鱼儿在水中可以自由呼吸，感觉空气的美好，可是一旦到了陆地就必死无疑了。

2. "半糖主义"，像不爱那样去爱

距离产生美感，彼此间有一点距离的张力，才能营造出一种朦胧之美，才能将两人的心拴得更紧。距离美要求我们对爱坚持"半糖主义"，双方注意保持一定的距离，给彼此留出空间和自由，这样的爱才会持久，不致令人厌倦。

——卡耐基

　　莎士比亚曾说："最甜的蜜糖，可以使味觉麻木，不太热烈的爱情才能维持久远。"两个人之间的距离就是这样玄妙而难以把握。

　　距离，是一种物理学上的现象，也是人际交往中不可避免的一个问题。在与爱人的相处中，距离更成为了一个很难把握的话题。两个人本来距离很远，互不相识，但是忽然有一天，他们却相识相爱了，距离一下子变得很近很近，但是忽然又有一天，他们不再相爱了，本来关系很近的两个人，马上就疏远了，甚至比原来还要生疏。

　　有一次赛琳娜和闺蜜艾威约会，在饭桌前一直向艾威抱怨她和老公托尼的婚姻困苦。赛琳娜说，以前托尼每天上班前都要和她吻别，现在临走就是一个敷衍的招呼。打个电话也只是说一句："我现在很忙，一会再说……"然后"吧嗒"一声给挂掉。两个人一起吃饭，以前会主动为自己夹菜，甚至把牛排切好端到自己面前，现在在家吃饭，托尼每次都会点评几句，这个盐多了，那个太淡了没有味道，总是让自己非常扫兴。当然还有就是夫妻之事了，以前激情四射，现在都如执行任务一般，索然无味，没有了往日的甜言蜜语，没有温柔的爱抚，每一次都是草草了事后，托尼留给妻子一面后背，迅速睡去。

　　艾威听完赛琳娜的讲述，沉思片刻，对她说："亲爱的，还记得当初我们在KTV最爱点唱SHE的《恋人未满》吗？歌词是很有道理的。'我要对爱坚持半糖主义，永远让你觉得意犹未尽，若有似无的甜才不会觉得腻，我要对爱坚持半糖主义，真心不用天天黏在一起……'"赛琳娜不自觉地跟着歌词哼唱起来，然后若有所思。

　　回到家后，赛琳娜告诉托尼，公司决定要公派她去新加坡出差两周。于是开始着手收拾行李，她心里暗暗决定，要让他们的婚姻起死回生，只能试一试这个"半糖主义"了。其实赛琳娜只是住到了艾威的单身公寓，每天还是照常上班，然后QQ隐身，每天都会给托尼发个短信问候，夜晚临睡前也会发一个甜蜜柔情的短信道晚安。还不到一周时间，托尼就突然发来短信："老婆，我想你了……"赛琳娜感受到一种久违的幸福甜蜜，恨不得当天晚上就冲回家里，但还是坚持这个两周的约定，于是接下来两人间的浓情密度逐渐升级，到了快要回家的日子，两个人俨然又恢复了热恋时的状态，你侬我侬，甚至在短信里互相挑逗、打情骂俏。赛琳娜临走的时候对艾威说："谢谢亲爱的收留我这两周，两周看似是一个时间段，其实是一个巧妙的科学距离，这让我和托尼终于找回了最初的感觉，这感觉太美好了。"

当赛琳娜拖着行李箱回到家中的时候，竟然看到托尼穿戴考究，把家里收拾得整洁干净，准备了赛琳娜最爱的牛扒和肉酱意面，还有增添情调的波尔多红酒。托尼慢慢倾诉着这两周对赛琳娜的思念还有对过往婚姻生活的自省。这些都让赛琳娜惊讶不已，短暂的一段别离，让这一对小夫妻又回到了最初的甜蜜，并且都体会到了夫妻真正的相处之道。

曾有人说过："整天做厮守状的夫妻容易产生敌视与轻视情绪，毒化婚姻的品质。"再美的东西看久了也会腻，相爱的两个人也需要适时地保持一点距离。这份距离，不一定是地理上的距离，分隔两地，而是彼此之间在心灵上要有一点空隙。

卡耐基认为，真正的爱是有弹性的，彼此不是僵硬地占有，也不是软弱地依附。相爱的人给予对方的最好礼物是自由，两个自由人之间的爱，拥有必要的张力。这种爱牢固而不板结，缠绵却不黏滞。一个理性的女人，一个懂得维系幸福的女人，永远都能收放自如地去爱。

晓琳和李明清结婚已经五年了。在结婚之前，他们就爱得天昏地暗，两个人发誓今生今世永不分离。婚后，他们似乎是实现了婚前的誓言，除了工作之外，剩余的时间几乎都在一起。工作上的应酬能推掉就推掉，一下班就早早回来陪对方。双休日也变成了两个人的世界，他们从来都是在一起活动。晓琳不再和姐妹们逛街，李明清也不再单独和朋友小聚。在家里，他们更是如胶似漆，就是晓琳在做饭的时候，李明清总喜欢从背后抱住她的腰，觉得她做饭的时候是那么迷人，有一种女性特有的魅力。

最初，他们确实是过了一段甜蜜的日子，但不到二年，他们就觉得婚姻渐渐地寡味了起来，但他们谁也没有说，或许是怕这种感受说出来伤对方的心，他们都各自保持着形影不离的原状，只是在一起时少了一些共同的语言和亲昵的动作。

最近似乎情况更糟糕了，李明清甚至懒得和晓琳一起逛街，觉得这样的老婆带出去丢人。李明清觉得老婆越来越难看，水桶腰，黄花脸，每天只知道忙家务，还常常衣冠不整。

而晓琳呢？她也发现了生活中的严重不协调，李明清的大男子主义非常严重，在家里更是懒于家务，比如李明清总让晓琳在厨房做饭，一切家务都是晓琳来做。

于是，两个人的生活变成了小吵天天有，大吵三六九，人们常说的"七年之痒"好像提前到来了。终于有一天，晓琳和李明清同时说出了这样的话："婚姻真的没意思，不如我们离婚吧！"他们曾经恩爱有加，而现在居然这么轻易地就提出了离婚。可是，继续过下去的话，矛盾已无法逃避，离婚又心有不舍，于是他们商量决定暂时分开一段时间。

晓琳搬到公司的宿舍，约定两个星期见一次面，平时没事不打电话，给两个人冷静和思考的时间。这是他们结婚五年来第一次这样长时间的分离。

最初的几天，晓琳感到了充分的自由，自己可以不用陪李明清，终于可以做自己想做的事情。几天过去了，晓琳的心态也平和了很多，她开始觉得自己缺少了什么，有时会不由自主地想到李明清。

李明清在和晓琳分开后，每天的用餐就不再自己做了，要么在公司吃食堂，要么叫外卖，到后来吃什么都觉得索然无味，他常在吃饭时想到晓琳。结婚这么多年，自己从不做家务，一直是妻子在打理这个家。一个女人，如果不是爱，还有什么能够让她五年如一日地为一个男人服务？在外面吃难以下咽的饭菜的时候，李明清明白了，是妻子在家忙里忙外，才使自己可以那么悠闲地待在家里，这样的好妻子哪里找得到？他仔细回想这个他曾经一度疯狂地爱过的女人，才发现她是如此可爱，她把她一生最宝贵的爱、最宝贵的光阴都给了这个家，给了他。李明清对妻子的思念开始越来越强烈，一天，当他一个人在公司宿舍泡好一盒方便面后，一口都没有吃下去，而是想起了妻子在厨房给他做饭，他在一边捣乱的情景，那种温馨让李明清在心里产生了一种渴望。那天晚上，李明清没有守规定地给妻子打了电话。奇怪的是，晓琳听到他的声音却哭了。当天晚上，晓琳和李明清在分开10天后终于又见面了，两个人看上去憔悴了许多，他们紧紧地拥抱在一起，像寻回了失而复得的珍宝。

在那一夜，他们好像又回到了五年前，这是两个人几年来从来没有过的感觉，他们说了一夜的悄悄话，他们回忆以前的浪漫生活，言语之间透着甜蜜。

后来晓琳和李明清意识到，他们之所以觉得婚姻有些沉闷，是因为他们在一起的时间太多了，没有给彼此适当的自由空间。在那一次偶尔的小别以后，他们觉得再次相聚原来是那么的充满激情，以后，他们就把小别当作调剂婚姻的手段，用他们的话说，这叫"让婚姻休假"。

卡耐基的夫人桃乐丝曾经说过，在婚姻中，能够坚持用不爱的方式去爱，那该是多么聪明、多么懂爱的一个女人啊！不爱，胸襟就宽了；不爱，愤怒就少了；不爱，烦恼就没那么多了；不爱，就不强求了。不爱中自有爱，相敬如宾，淡淡地相处，给自己宁静，给爱人空间。

爱人之间保持一定的距离，让双方觉得放松，是非常必要的，但是保持什么样的距离才是安全的，才是为爱情保温的最佳距离，这是一门高深的学问。其实，这个距离的把握也并不难，只要让对方觉得放松、温暖就够了。

3.两情相悦，又岂在朝朝暮暮

> 如果你爱上一个人，请给他一点独立的空间和隐私的自由吧！让爱像风筝一样在天空中飞翔，只要你握紧了手中的线，在需要时把他拉回来，让他靠近你，这份爱就不会跑掉，而会长久永恒。
>
> ——卡耐基

一位名人说过："生命诚可贵，爱情价更高，若为自由故，两者皆可抛。"这首诗是对自由最好的诠释，点明了自由在人生一世中举足轻重的地位。

夫妻之间也要给对方留出适当的空间，给对方一部分相对的自由。要想夫妻之间和谐相处，就要接受、尊重这个自由的空间。一个好的另一半应该清醒地认识到，人是独立的个体，没有哪个人可以真正地、完全地理解另一个人，即使相爱的人也是这样。谁都需要一片心灵栖息地，在心灵深处，栽种一棵往事树，流淌一条心情河，在倦了、累了的时候，靠在树下，听着潺潺的水声，寻找片刻的宁静。就像女孩有本神秘的日记一样，你的爱人也需要有一个洗涤心灵的地方，有时候是你的肩膀，有时候就是这个自由空间。双方都要接受并尊重这个空间，不要总是急切地追问："心中那片森林何时能让我停留？"换句话说，就是要给对方一定的自由，并尊重这份自由。

公园里，一位老人坐在长椅上，一副悠然自得的样子。

他惬意地叼着烟斗，有时微笑着和路人打个招呼，有时一个人静静沉思。他有一个规律：总是在下午4:00左右来到，在5:00左右离开。

"您为什么每天都来这里坐一小时？"一个住在附近的青年好奇地问老人。

老人微笑着说："结婚五十三年六个月两个星期零两天的人，最低限度也有权利每天过上一个小时的单独生活吧！这是我和老伴的共识。"

有位社会学专家曾经这样论述爱情："相爱的人给予对方的最好礼物是自由。两个自由人之间的爱拥有必要的张力，这种爱牢固而不板结，缠绵而不黏滞。没有缝隙的爱太可怕了，爱情在其中失去了自由呼吸的空间，迟早要窒息。"每个人在生命历程中，总有一块属于自己独占的领地，承认、尊重和保护这块领地，是维持夫妻良好情感的必要因素。

甘露跟丈夫没结婚以前曾在同一家公司上班，后来甘露辞职去了另一家公司，两人之间仍旧保持着联系。甘露对他颇有好感。甘露的丈夫，是一个很上进的男人，长得英气挺拔，很有女人缘。公司里也曾有很多女同事向他暗送秋波，但他只喜欢甘露。

后来他们走在了一起，顺理成章地结了婚。他对甘露很关心，甚至比恋爱时更加倍地爱护她。

他们都是从外地来京的，他每月的薪水有5000多，加上甘露的工资2000左右。在这个房价高不可攀的城市，房子是买了，不过也是因着七拼八凑，才凑齐首付。

有了房子，也要过日子。接下来他们都加倍地努力工作，以期更快地结束房奴的日子。

甘露理解他的早出晚归，生怕他工作过于劳累而身体累垮。每天下班后甘露就全身心地投入到家务中去，为他做好坚实的后盾，免除他的后顾之忧。终于贷款还得差不多了，他们的身心都渐渐疲惫。原来这些日子，他们都很少交流，甚至都忘记了彼此的存在。甘露感觉到他们在日益疏远。

那次，丈夫又早出晚归回来后，甘露已经睡下，他慢慢地移步到卧室，然后脱了衣服去洗澡，房间里开着灯，灰暗的灯光就像鬼魅，似乎隐藏着某种隐隐的恐惧，令人无法言说。

甘露便穿好衣服起身，打开他的公文包，翻看了一些他的工作日记。又从他上衣口袋里寻到手机，看到一些短信息都是一些黄色的笑话，便以为他一定跟某个女人保持暧昧，心里便开始五味杂陈，有些痛灼。

就在这时，丈夫从洗手间走了出来，一眼便看见甘露手忙脚乱，慌乱中将他的手机掉落在了地上，他便明白甘露在打探以此寻找某些留下来的痕迹。

他有些生气，从地上捡起手机，说："你是不是不相信我，以后没我的同意不要乱动我的东西！"

甘露说："这些信息是不是一个女人给你发的？"

他说："是啊，你这么喜欢我外面有女人，那我就去找好了，不然也对不起你的一番猜忌！"

说完便抱起毛毯向沙发上走去。

他在客厅睡下，而甘露泪流满面。

爱就是你手里的一捧沙，千万不要把它握得太紧。好伴侣要给对方相对独立的空间，不要事事都过问，时时都要知道他/她在哪里、做些什么，不要要求对方总是和你同步，别计较他/她偶尔没对你说的心事，也别过多地盘问他/她的朋友等等。你可能只是出于关心，但对方不是小孩子，很多事情她自己能够处理，等他/她不能应付时，自然会求助于你。有些文学作品把相爱的两颗心描写得"天衣无缝"时，请别忘记：在燃烧的木柴之间留出一些空隙，火才会更加旺盛！相反，如果时时刻刻毫无遮掩，完全在别人的注视之下，这种生活绝不轻松。

赫尔岑说过一句至理名言："人们在一起生活太密切，彼此之间太亲切，看得太仔细、太露骨，就会不知不觉地，一瓣一瓣地摘去那些用诗歌和娇媚簇拥着个性所组成的花环上的所有花朵。"今生的同床共枕，是几世修来的缘分，夫妻双方也应该为此感到开心。但同时也不要时刻都黏在对方的身边，要给彼此留一定的个人空间，使得各自都有一些自由，这样既保持了双方的神秘感和美丽，也可以使得婚姻的马拉松完美地到达终点。

女人很爱男人，为他放弃了出国的机会，为他拒绝了高富帅的追求。每天上班，她都要他挂着QQ，自己在公司里的大事小事总要第一时间告诉他。下班时，她会提前开车到他单位门口，两人一起吃晚饭，然后恋恋不舍地分别。谁都看得出，女人对男人的爱很深，可男人心里却有说不出的苦。

男人总是对朋友说，不在一起的时候会想她，可在一起的时候却又很烦她。周末我想去打球，她却缠着我陪她逛街；下班我想跟哥们聚聚，她却非要跟着，不让抽烟，不让喝酒，特别扫兴。好几次，男人想提出分开一段时间，可话到嘴边又咽下，他知道女人对自己是真心的，他也怕错过了这个美好的眼前人。可是，她的爱，实在太沉重了。

两个人虽然还在一起，可明显跟过去不太一样。他变得沉默寡言，冷冷淡淡。她问什么，他只是轻声应和，没表情，没心情。可一听女人说要出差几天，他却变得很殷勤。女人怀疑，他爱上了别人。她没有吵闹，而是转身去找了他们最好的朋友。她知道，如果有什么事，他一定知道。

朋友笑着对她说，是她太多疑。他之所以高兴，是觉得"自由"了。男人需要放养，爱情需要留白，他有自己的交际圈，有自己的"地盘"，你把索要爱情的触角伸向了不该伸的地盘时，他只会觉得你不可理喻。

她似懂非懂。朋友问她，听过两只刺猬的故事吗？一对刺猬在冬季恋爱了，为了取暖，紧紧地拥抱在一起。可是，每一次拥抱的时候，它们都把对方扎得很疼，鲜血直流。可即便如此，它们还是不愿意分开。最后，它们几乎流尽了身上所有的血，奄奄一息。

她半天没有说话，陷入沉思。想想他以前过的生活，自由支配自己的时间，做自己喜欢做的事，不用事无巨细都要向她汇报，偶尔喝点小酒，抽点小烟……现在，似乎那些爱好都被剥夺了，而自己却从未问过他想要什么，希望他怎么做。或许，她真的需要换一种方式去爱了。

两情若是久长时，又岂在朝朝暮暮！夫妻双方在不影响彼此感情的基础上保留各自的空间，这才是最好的选择。所谓的距离产生美，就是适当拉开你们之间的距离，给彼此一些空间，才会让你们感情的氧气更加充足，如果跟得太紧，总有一天会让对方感到窒息，让爱枯萎。

当然这种"独立"并非冷漠或者隔阂的产物，而是生命本身的需要，是使心灵释然的需要。当然，夫妻之间能亲密无间自然是好事，但如果你的妻子希望保留那样一个空间，请你尊重并容纳它。妻子会在这样一个空间里静静思考、完全放松或靠自己的力量解决一些事情，然后以更积极、自信的状态投入生活，同时也给你同样的自由。这段"距离"不会影响你们的感情，给彼此一点距离、一份宁静，就像在夏日的午后懒懒地打个盹儿，相信会有更高品质的爱。

刚结婚时，田莎莎常常要求丈夫李峰陪她，陪她一起散步，一起打球，一起看电视，即使是李峰不喜欢的韩剧，田莎莎也要他陪自己看完。因为田莎莎认为相爱的夫妻就应该这样形影不离、亲密无间。那时李峰离开田莎莎哪怕一分钟，田莎莎都会紧追在后边问："什么事情？"或者是"到哪儿去？"

田莎莎的过度依赖，很快便使李峰难以忍受，于是李峰下班后总是宁愿加班也不愿回家。即使在家，他也总是很晚才睡。他希望田莎莎睡了以后，自己可以安安静静地享受独处的静谧与放松。

李峰的做法让田莎莎感到很受伤害，她愤愤地问李峰："为什么要有意地疏远我？"

李峰沉思了一会儿，回答说："平常在外面，每当有和朋友聚聚的念头，就会想到你的'电话追杀'，于是我马上就打消了这一念头。你知道吗，你的过分关怀几乎让我不能呼吸了……"

田莎莎听后顿感不妙，她可不想因为自己的过分关怀影响夫妻感情。于是，反躬自身，田莎莎赶紧做出保证："从现在开始，我们要做到亲密有间，让你的身心都拥有一定的自由。"

"真的吗?"李峰怀疑地问道。

田莎莎用极其肯定的语气回答说："当然是真的!"

从此，田莎莎不再要求李峰把所有的业余时间都留给自己，李峰下班回来后田莎莎也会收起自己的好奇心，绝不再"严格审查"。

而田莎莎给李峰自由的同时，也给了自己一点空间。下班后她不再着急回家做饭，而是约上三五好友不时小聚一下，抑或奖励自己一顿大餐。渐渐地，田莎莎发现，她和李峰仿佛又回到了谈恋爱时的浪漫感觉，而他们的生活也越来越幸福。

卡耐基的夫人桃乐丝认为，当女人给予的爱让他们感到过分沉重的时候，他们便会想到逃离。"享受"爱情也会变成"索取"爱情，两个人的感情再也没有最初那般纯美。男人是独立的个体，而不是女人的私人物品，他们有自己的交际圈，也有自己的"地盘"，当女人把索要爱情的触角伸向了不该伸的地盘时，男人只会觉得女人不可理喻。

爱情是甜蜜的，但它也有秉性，这就如同仙人掌，它明明不需要太多的水分，而你却因为"爱"拼命地浇灌，结果可想而知。想要呵护自己的爱情，就必须掌握爱的秘诀，那就是适当地保持距离。真正的爱是有弹性的，彼此不是僵硬地占有，也不是软弱地依附。相爱的人给予对方的最好礼物是自由。

4.与其限制，不如试着接受他的"男人帮"

> 聪明的伴侣，不但要尊重对方的朋友，更
> 要积极地融入对方的朋友圈子。
>
> ——卡耐基

每个人生活在这个世界上绝不是单一的存在，他们都需要依附于社会，所以，每个人都有自己的社会关系，于是，男人有了男人帮，女人有了闺密。男人的男人帮和女人的闺密却有大大的不同，女人会在烦闷的时候从闺密那里获得安慰，空闲时在一起互相分享一点小秘密；而男人很重哥们儿义气，与他们的生活习惯是分不开的，这种义气有利于男人的生存和发展。在现代社会里，哥们儿是男人必不可少的人脉资源，所谓朋友多了路好走，正是如此。

著名女作家张小娴在她的小说里说："一个女人有一晚上没有回家睡，第二天她跟老公说她睡在一个女性朋友那边，她老公打电话给她最好的10个朋友，却没有一个朋友知道这件事！一个男人有一晚没回家睡，隔天他跟老婆说他睡在一个兄弟那边，他老婆打电话给他最好的10个朋友，有8个好兄弟确定她老公睡在他们家……还有两个说'她老公还在他那儿！'"这段话看起来很讽刺，但是也说明了一个道理，男人离不开哥们儿，在危难时，有了哥们儿相助可以安然度过；男人需要办事时，有哥们儿就相对容易办成。哥们儿就是男人的世界，是他们的基本社会关系，一个男人成了家之后，如果将他的哥们儿弃之不顾，那么他就会被朋友们笑话的，还会被

大伙儿贴上"重色轻友"的标签。这样一来，男人是很没面子的。

王心仪跟老公结婚一个月就遇到了最让她不舒服的事情。

没结婚前，王心仪就看出了男朋友喜欢跟同事朋友出去"鬼混"，有时候是打牌，有时候是吃饭喝酒，有时候是一些生意上的往来。当时王心仪以女友的身份也参加过几次，她总觉得这种聚会无非就是男人们之间喝酒吹牛，一点意思都没有，因此再也不想去了。

婚前她老公肖强还信誓旦旦地说，只要结了婚，他就按时下班回家伺候老婆，不再跟狐朋狗友鬼混。结果，这才过了一个月，碰巧又是肖强的生日，王心仪正在厨房里忙碌着，接到肖强的电话。

"今天晚上我不回来吃饭了。"肖强一字一顿地说。

"有没有搞错？今天是你生日！我们才结婚第三天……"王心仪一边接着电话，一边挥舞着手里的菜刀。

"今天他们给我过生日，明天我再回来让你给我过好不好？"肖强口气软了下来。

"好，那我就跟你一起去！"王心仪心想要当场教育一下这帮怂恿老公不回家"败类"。

"不行啊！亲爱的，我说好了都不带家眷的，我怎么好带你呢？"肖强说明情况。

"那说好，十二点前不回来，我就锁门，你就去你朋友家住吧！"王心仪还没等老公道别就不悦地挂了电话。

放下电话，王心仪倍感委屈地哭了，她没有想到蜜月还没过完，自己就被老公给"抛弃"了，她想不明白，自己在老公的心目中竟比不上那些"臭男人"。

王心仪猛然想起，以前老公跟自己讲过这些朋友里面，有人还会背着老婆在外面乱搞，他们会不会把肖强带坏？为什么不能带家眷？是不是早有预谋？王心仪越想越觉得恐怖，后悔自己刚才没问清楚他们在哪里办生日聚会。

可是，连拨了数遍，肖强的电话就是打不通，王心仪越来越焦急，坐立不安……

凌晨两三点，肖强才在朋友的搀扶下醉醺醺地回来，王心仪气不打一处来，骂他吧，他喝醉了什么也听不见，可是就这么算了，她又心有不甘。

第二天肖强醒来，王心仪就让肖强发誓下不为例。可是没多久，肖强又找别的借口跟朋友一起聚会。一个人等待的时候王心仪无数次内心发誓，一定要让肖强在她和朋友之间做选择，绝不能让他们带坏了肖强。

两个人婚后的第一场战争因肖强的朋友而起，王心仪没想到那些朋友在肖强的心里如此重要，不管她是冷战、河东狮吼，肖强都没有要跟朋友断绝来往的意思。王心仪黯然了，难道朋友对他就这么重要？

王心仪遇到的问题是很多女人婚后都面对的问题。丈夫经常抛下妻子，跟哥们三天一小聚，五天一大聚，吃饭喝酒打牌。丈夫的朋友里有妻子看不惯、看不起的人，但是无论妻子如何苦口婆心、发狠锁门，都阻止不了丈夫与这些人"混"在一起。

妻子害怕丈夫跟着这些不三不四的人学坏，担心丈夫跟这些酒肉朋友在一起变得消极颓废，但是说多了，丈夫不但不听，还要发脾气。于是，本来关系甚笃的丈夫和妻子之间，却因朋友的问题，闹得不可开交。

安雯出生在书香门第，受家庭的影响，她从小就是一个比较安静的女孩。瘦弱、白净的她，带着一点书卷气，坐在那里犹如一朵卓然出尘的清莲，独特的气质让她魅力倍增，身边自然不缺乏追求者,但是安雯却一直单身,这很让人费解,大家都很好奇这个心高气傲的小姑娘会嫁给一个什么样的人。

后来,安雯恋爱了,当揭开其男友浩的神秘面纱时,人们难免失望,他们觉得安雯的身边应该是一个彬彬有礼、潇洒英俊的绅士,而浩是怎样的呢?

浩是一个摄影师,他的外形也很艺术,长发,胡子拉碴,一条牛仔裤到处是破洞还脏兮兮的。在所有人的眼中,他和安雯是极不相配的,他们在一起让人觉得滑稽可笑。然而,安雯却对别人的议论淡然处之,轰轰烈烈地和浩相爱了。

每一段恋爱都一样,最初是美好甜蜜的,但是彼此相处久了,各种问题也会相继冒出来。

浩是一个事业心很重的人,热爱摄影艺术的他成立了自己的工作室,身边也总是跟着一大帮有相同爱好的兄弟。他常常让安雯在那苦苦静坐,自己却在那里和兄弟们高谈阔论,安雯想安静地和浩去餐厅温馨用餐时,浩则要求带上那班不羁的兄弟们同去!长此以往,浩的不拘小节让安雯很不愉快。

再加上安雯喜欢安静,不喜欢太吵,与浩的兄弟们产生了无形的距离。而正在这个时候,凌然闯进了他们的生活。风风火火的凌然是一个大胆追求自己幸福的女人,即使知道浩有女朋友依然热情不减。凌然不拘小节,很是豪爽,只要她出现,工作室里就笑声不断,浩的兄弟都喜欢凌然,也跟她相处得很好,每次凌然和他们在一起都能和他们打成一片。在兄弟们的影响下,浩渐渐地疏远了安雯,最后和凌然走在了一起。

卡耐基的夫人桃乐丝说,一个理智的女人知道,如果爱一个男人却不懂得成全他的义气,那么这个男人迟早会义无反顾地离开。从现在起,面对他的哥们义气,你不妨大度一些,支持他与朋友的正常交往，在朋友面前给他留足面子，并且主动走进他的朋友圈，争取成为他们中的一员。此外，你对他更温柔一些，让他在你身体味到在朋友那里得不到的东西。这样，他就会与你越来越亲近，他的朋友们也会为你们的感情推波助澜。

男人不是私有物品，而是独立的个体。接受他的同时就要接纳他身边的人，融入他的生活圈子，加入他的"男人帮"！

卡耐基曾经说过，爱他（她），就学会尊重他（她）的生活，更要学会尊重对方的朋友，因为尊重别人就是尊重你自己！

5.别以爱之名去改造他

> 现实生活中，没有人愿意被人强迫去做某件事。当然，现在我要告诉女人的是，你的丈夫同样也不喜欢被你强迫着去做某些事。
>
> ——卡耐基

尽管有的妻子一再向丈夫强调"改变丈夫是出自善意"，但是极难避免产生婚姻上的难题。

首先，家中气氛将变得紧张。妻子因为太在乎丈夫的过错而精神紧张，一旦丈夫坚持不愿意改变时，妻子将加倍紧张激动。有时，这种紧张的感觉，连成长中的子女也会感受到。女子常常十分自傲，试图改变丈夫，将于无意中伤及他的自尊心。丈夫希望你多发掘他的长处，而不是死抓住他的缺点不放。而男人每天的精神食粮是"妻子的崇拜"，你对丈夫的尊敬，才能使他快乐。如果丈夫希望接受你的建议，你会觉得丈夫不再爱你，对于婚姻不再有安全感。

有些妻子强迫丈夫改变现状，使他喘不过气来，于是，他宁可逗留办公室或游乐场所而不愿意回家。更严重的情况下，妻子和丈夫之间会渐渐无话可说，不能进一步沟通。

所以做妻子的，该想一想"改变丈夫"是否比"家庭和谐，夫妻恩爱"更值得？美满的婚姻对于子女十分重要，而孩子成长过程中有十分快乐的双亲，才能使他们也有快乐的童年，希望"完美的丈夫"而伤及婚姻和孩子绝非聪明的抉择。

卡耐基认为，当妻子不时逼迫丈夫改变现状时，会使丈夫觉得如同毒蛇咬噬一般，而这常常是摧毁婚姻的主因。

梓潼是个爱干净的女孩子，找老公的标准首先是看起来要干净、舒服。苦苦追寻，终于遇到了现在的老公，结婚之前梓潼觉得老公很爱干净，即使夏天身上也没有汗臭味，心想老公应该算是男人中的极品吧！于是美滋滋地结婚了。

岂料，婚后梓潼才发现自己嫁给了一个"臭男人"：洗澡不是那么勤，不是那么到位；刷牙速度太快；臭袜子随手就扔；脏衣服自己不洗；家里乱了也不帮忙收拾。不只这些，两个人的生活习惯存在很大差异：老公晚上习惯晚睡，梓潼习惯早睡；老公喜欢看体育频道，梓潼不喜欢；老公喜欢吃肉，梓潼喜欢青菜……面对真实的老公，梓潼有些失望和无可奈何。深思熟虑后，梓潼决定要改变老公这些不良生活习惯，她相信在自己的努力下，老公一定会变成她希望的那样。

老公回到家，梓潼亲热地跑过来，等老公换上拖鞋，梓潼提醒老公把袜子放到鞋里边，如果该洗了，就要放到该放的地方。衣服也是，如果第二天还可以穿，就要挂起来，如果需要换洗，就不要再和干净衣服放到一起。晚上老公洗澡的时候，梓潼很热情地说："老公，需要我帮你搓澡吗？"如果老公说需要，梓潼会很仔细地为老公服务。如果老公不需要，梓潼就在门外提醒，你自己搓一下啊，打沐浴液要仔细，冲的时候要冲干净。老公刷牙的时候，梓潼会在边上提醒慢一点，不要太用力。这可苦了老公，一次两次还行，长期坚持就太困难了，只要梓潼看不到，老公还是照旧敷衍了事。

晚上梓潼睡觉时，提醒老公早睡，醒来后，发现只有自己。经过一段时间努力后，梓潼发现改变老公是很难的。于是她决定和老公好好交流一下，说到老公各种坏习惯，老公摆出一副可怜兮兮的样子哀求道："老婆，其实我已经很努力了，你看我衣服不乱扔了，洗澡比以前到位多了，完全改过来，也需要时间啊。"老公说的没错，和之前比起来，确实有所进步，可离达到自己的要求还是有距离。梓潼想那就索性做个好人，老公能改多少算多少吧，这样不但自己省心，老公还不会产生逆反心理。

每对夫妻都是怀着美好愿望走到一起的，但生长在不同环境的两个人，无论心理如何默契，都难免会有冲突。这时，不要试图改变他，尊重彼此的差异，理解对方的不同习惯，你会得到丈夫更多的疼爱。

但是很多时候，女人爱上男人时，她觉得有责任帮他改变他的做事方式，她以为在帮助、教育男人，但男人却觉得被控制了，失去了自由。了解男人与女人天性的不同后，女人就要适时调整自己，这样才能幸福和谐，否则将会得不偿失。

因此说夫妻之间要尊重彼此的差异，学会理解对方是一个独立的个体。在各个层面都存在与你相异之处，你必须尊重这些差异，站在对方的立场来想。有差异并不可怕，可怕的是你不敢面对。若常备有"控制狂"心态，一切都要依自己喜好决定，并千方百计避免情况失控，这会给感情关系带来问题。并且，"控制狂"女生也会使对方越来越难敞开内心，不希望你看见他脆弱的一面，不喜欢承认他需要你。

卡耐基的夫人桃乐丝曾经说过，试图去改变一个男人几乎是不可能的，就像要女人讨厌逛街是不可能的一样。把自己的想法强加给老公，企图改变他的做法，往往不起作用。现实中，改变的结果往往是适得其反，老公不仅丝毫没变，还被诱发出强烈的对抗情绪。久而久之，矛盾日积月累，恩爱全消。珍惜自己已有的东西，珍惜爱人的那份"独特"，你的生活、你的婚姻，就一定是不同的、珍贵的、精彩的。

6.每个男人都不完美，要学会悦纳

> 女人要用一颗宽容的心对待你身边的他，学会睁一只眼闭一只眼。睁着的眼睛就是要多挖掘他的优点，闭着的眼睛就是要尽量忽略掉他身上的缺点，做个糊涂的明白人。
>
> ——卡耐基

要想拥有幸福的婚姻，就要学会爱与包容，如果缺了它们，婚姻就会变成丑陋的赤裸裸的交易。就如同到市场上去买东西一样，同类商品中你选择了这样，原来选择的东西就要退掉或者放弃。

婚姻需要经营，这一点毋庸置疑。然而面对繁琐的生活，面对并不完美的爱人，如何力争让生活"完美"一些呢？睁一只眼闭一只眼就是良策。

萍儿是个温雅贤淑的妻子，她爱她的丈夫和孩子，为他们忙碌，为他们操劳，这让她觉得是莫大的幸福。

结婚六年，孩子四岁了，他们的感情也不愠不火。但是近来，萍儿感到丈夫的表现有些异常，比如，以前从来不注重外表的他，现在每天上班前，都要精心地收拾一番。本来一周结同一条领带的习惯，变成了每天换不同的领带，而且衣服上也总是散发着一丝淡淡的异香。每晚回家的时间，也一天一天地向后推移着，而丈夫的回答总是一句：应酬太多。

看着这些变化，萍儿已经觉察到自己最不想发生的事情发生了。她沉默着，她不想追问，不想调查，只是静静地读着丈夫那张晚归却总是兴致勃勃的脸。

一天下午下班的时候，丈夫打来电话说，晚上要陪上司去接待几个客户，会回来得晚一点，让她不要等他吃晚饭了。然而，晚上9点，电话响起，电话的那端是他的上司，有事要找他，说他的手机打不通。听到这些，萍儿心头一沉，略略迟疑后，她缓缓地回道："他现在不在家，手机可能是没电了，等他回家我让他回复您吧。"

放下电话，萍儿呆愣在了原地，她一遍遍地拨着熟悉的手机号，听着里面传出的"对不起，您呼叫的用户忙，请稍后再拨"，心如刀割。深夜，丈夫悄然回来。灯下，萍儿给他倒了一杯茶之后，装作什么都不知道静静地对他说："你的上司晚上来电话找你，说你的手机打不通，我想是没有电了。他让你回来给他回电话。"

话毕，萍儿起身准备去睡了，留下丈夫独自坐在沙发上发呆。

一会儿，丈夫走入卧室突然发起了脾气，走来走去地诉说着他的辛劳，听着丈夫的怨言，萍儿内心酸楚却不想再多言语。

第二天，丈夫回家很早，支支吾吾地向萍儿道歉说自己昨晚不该发火。萍儿微笑地说，我从来就没有怪罪你，谁没有错的时候呢？旧事我们就不要再提了。丈夫听后更显得局促不安了。

日子依旧在一天天地过着，萍儿像什么都没有发生过一样，一如既往地为丈夫为孩子忙碌着，丈夫每天下班就回家了，再也没有什么应酬。

有一天，她收到了一封邮件，是丈夫写给他的，洋洋洒洒数千言，诉说着他的错，他的悔，他的反省与自悟，他请求萍儿的宽恕。

萍儿读了信，禁不住泪流满面……

女性总是以结婚为分界线，婚前喜欢把男人身上的优点放大，婚后生活在一起满眼看到的都是缺点。于是开始斤斤计较，四处抱怨。人非圣贤，孰能无过？我们都是凡夫俗子，不可能十全十美，所以不要对丈夫有特别的苛求。多多进行换位思考，站在对方的立场上想一想。倘若是这样，夫妻间又何来战场、何来硝烟呢？

曾丽和丈夫都是生意人，结婚后，两人一起开了一家蔬果超市。丈夫是个颇讲义气的人，且能说会道，五湖四海皆有朋友，由于经营有方，他们的生意做得不错。别人都羡慕曾丽找了个模范丈夫，可曾丽心里知道，丈夫有个最大的毛病，那就是嗜酒如命，且每饮必醉，醉酒之后就不是平时的他了，总喜欢胡乱骂人。

曾丽也算得上是个绝佳的精明生意人，见人先带三分笑，无论是80岁的老人，还是3岁的孩童，无不在她的笑容里感受到春的气息。然而对待老公喝酒这件事，她却一反常态，每次见到喝过酒的老公总是张口就要骂，伸手必打。

那天，曾丽出去办点事，走的时候叮嘱丈夫在家做好晚饭等她回来，老公满口应承。可是等她7点多回到家一看，还是冷锅冷灶，也不见丈夫的影子。她火冒三丈给丈夫打电话，丈夫说是从外地来了一个朋友，约他吃个饭。曾丽气不打一处来，"啪"挂了电话。准备等丈夫回来再好好跟他算账。

气呼呼地等了很久，喝得醉醺醺的丈夫终于回来了。"你个没良心的！你再去喝呀！干脆喝死算了！"饿着肚子的曾丽还没等丈夫回过神来就骂上了。丈夫一听也火了，推了她一把。这一推就好像在曾丽愤怒冒火的心上浇上了汽油。她扑向丈夫，与丈夫扭打在一起……结果是曾丽的腿扭伤了，她丈夫的脸也被抓得鲜血淋漓，两人为此闹到大半夜，直到彼此精疲力竭才各自睡去。

就因为这样一件小事，冷战了几天的两人最后还闹起了离婚，在朋友的劝解下，好不容易才化解了这场战争，可是战争的阴云仍然笼罩着这个家庭。

曾丽通过一次偶然的机会请教了一位婚姻问题专家，专家对她说："如果你还想挽救你们的婚姻，只有一个办法，那就是用一颗宽容的心去对待他，睁一只眼，闭一只眼。睁一只眼就是要多挖掘你丈夫的优点，闭一只眼就是尽量忽略掉他身上的缺点，做个糊涂的明白人。"

世间没有绝对的缺点与优点。对男人的缺点，不能一概而论，而要一分为二地看待。要先看优点后看缺点，在发挥其优点的过程中克服缺点，而不是首先死抓着缺点不放。

不论男女，既然是凡人就必然有其缺陷和优秀的独特个性，世界上本就不存在十全十美的人。生活中我们必须要合理地看待彼此的缺陷和优点。当爱恋中的激情渐渐消逝成为往日情怀，这时候，就需要宽容，双方用容忍的态度来面对生活。婚姻本就该是对爱人许下的永恒承诺，家庭给女人带来的不仅仅是物质上的保障，更多还是彼此对婚姻生活的责任，而不是在婚姻中制造一场又一场战争。

世界上每个人的性格迥异，就如同我们的指纹一样，独一无二、与众不同。女人要学着以宽容的胸怀去包容和理解丈夫的缺点。既然你爱他，就要接受他的全部，就算他有很多毛病，这才是真实的他。正因为丈夫每天都和你在一起，他的一切你都看在眼里，所以无论是优点还是缺点，在你面前都毫无掩饰。如果他愿意把自己真实的一面毫无戒心地展示在你面前，那说明他也是爱你的。也正是因为你是他的妻子，和他朝夕相处，所以你常常会只看到他的缺点，把缺点看成全部，却忽略了他身上的闪光点。所以，当你发现丈夫有自己无法容忍的缺点时，应循序渐进地帮助他改进，而不是大肆指责。

卡耐基的夫人桃乐丝说，婚前睁大眼，是一种机敏；婚后睁一只眼，闭一只眼，则是一种睿智。"睁一只眼，闭一只眼"，绝不是一味地忍让，而是彼此包容、彼此体谅。与其纠缠不清，不如难得糊涂。十年修得同船渡，百年修得共枕眠，辛辛苦苦修来的一世情缘，为什么不用心来呵护呢？

7.将"面子"留给男人，将宠爱留给自己

> 与另一半相处时，切记对方并非理性的生物。我们所面对的是一位充满情绪与偏见的人，只有给他尊严与面子才能打动他的心。
>
> ——卡耐基

　　当你问身边的男性友人，什么对他而言最重要，很多人几乎都会回答"面子"。男人需要有面子，男人也最怕失去面子。因此，聪明的女人一定要学会给男人面子。

　　人人都要面子，人人都有尊严，何况是顶天立地的男人。他什么都可以不要，但面子却不能丢，尊严更不能失。在家里，大多数的男人是大度的，不计小节，不与女人斤斤计较。理智的男人总是能"大事化小，小事化了"。即使是遇到不顺心的事，也会强装镇静，不会轻易地倾诉或者发泄。有时宁可受到女人的埋怨和训斥，也不愿发生冲突去争辩。

　　别看这些男人在家对老婆言听计从、不拘小节，但在外面，男人就希望女人一切遵从自己的意愿，特别是在朋友面前，更会显得有些大男子主义。比如抽烟、喝酒，在与朋友聚会时，就算平时不抽烟、不喝酒的男人也会在朋友盛情下抽烟、喝酒。这时，女人一定要给男人面子，不要直面去指责或阻止他，要用婉转的言语去劝阻或保持沉默，等回家后，再好好地与他沟通，甚至数落几句，那样他定会低头认错，甘愿受罚。

　　怡芳的丈夫是一个公司的总经理，生活富足，家庭和睦。结婚这么多年了，夫妻俩从来没有吵过架，公婆很喜欢这个儿媳妇，就连邻居也常夸怡芳贤良淑德，秀外慧中。其实，怡芳并不是低眉顺目，对丈夫唯命是从的小妻子。对于御夫之道，她自有一套小心计，而且效果很好。

　　怡芳的御夫之道就是维护好丈夫的面子。当只有夫妻二人在家时，丈夫虽然是个总经理，对怡芳却是唯命是从，可是，一旦家里来了客人，或是公婆来到家里时，怡芳就像变了个人似的，十分自觉地把自己放在服务员的地位上，主动地端茶倒水，并在他们聊天的时候烧上一桌可口的饭菜。丈夫说的话也从不反驳，并很好地按丈夫说的去做。

怡芳的这些做法不但给丈夫留足了面子，维护了丈夫在外面的形象，也起到了支持丈夫工作的作用。而且，还在外人面前树立了自己良好的形象，更重要的是使得丈夫对她十分感激，并常常在人前人后夸奖妻子有分寸，在家中对妻子更加的宠爱、关心和敬重。

怡芳的御夫之道确实高明，不仅维护了家庭的和谐，支持了丈夫的事业，也为自己赢得了好名声，可谓是一石三鸟之计，值得女人效仿。

卡耐基认为，女人要明白一个道理，爱护男人的尊严，等于爱护自己。对于爱情里的男女来说，女人学会了给男人留面子，也是给自己的爱情锦上添花。肯花心思维护自己老公的面子，才能把两个人的小家庭经营得和谐。

男人的爱情是脆弱的，它需要许多支撑，面子就是其中很重要的一个因素。为什么人们常说"女追男，隔层纱"呢？原因就在于男人们都喜欢听赞美的话，愿意把爱情奉献给欣赏自己、维护自己情面的女人。与自己苦苦追求而不得的女人相比，那些恋慕自己、欣赏自己的女人显然更能带给他们尊严和自信，为了维护自己的颜面，他们就会转而喜欢那些爱慕自己的女人。

杨尚是大学同班男生中结婚最早的，妻子漂亮，让朋友们羡慕，可度完蜜月后，他们就摩擦不断。说起来都是些小事，可串在一起就让杨尚觉得气不顺。杨尚不是一个小家子气的男人，就是有些诸如爱睡懒觉、大大咧咧的毛病。妻子蛮勤快，可就是喜欢按着自己的意愿行事，让他觉得头疼。比如休息日，只要妻子有什么安排，如搞卫生、回娘家之类，杨尚就别想睡懒觉了。"她若是把这些事安排在其他时间，我会很乐意做的。"在父母、朋友面前，妻子也不给他面子。她管他抽烟，管他和朋友玩得太晚，她本意不坏，可杨尚却很烦。两个人吵吵好好，搞得大家都很累，有时候杨尚宁愿待在办公室里也不愿回家面对妻子的颐指气使。

夫妻间的矛盾，至此已露端倪，如果做妻子的不知调整自己的行为，从对老公日常生活的管束，上升到干预他的事业、前程、人生选择，更大的危机还在后面。

芸芸的性格很外向，办事大胆泼辣。在公司一向以处事果断、办事高效而著称。婚后没多久她就从一名办事员晋升为业务经理，负责化工材料计划，工作开始繁忙起来。她的丈夫是一家运输公司的工会干部，忠厚老实，工作踏踏实实，任劳任怨，但总难受到提拔。芸芸便自作主张，调动所有关系，接近了他公司的老总，又送了厚礼，把丈夫调到了财务科当副科长。

在任命下达的前一天，芸芸兴奋而故作神秘地对丈夫说："喂，你一定要好好谢我，我会让你的生活发生一个大变化。"

第二天，丈夫下班回来，面色苍白，一脸沮丧。芸芸大吃一惊，以为他到手的科长飞掉了。谁知他却厌烦地说："以后你能不能少插手我的事？你知道别人说什么？说我是个没有出息的人。"

芸芸觉得自己吃力不讨好，丈夫觉得自己活得窝囊，两人的战争就此开始。

一个月之后，一张法院的起诉书传到了芸芸的手上，白纸黑字，丈夫向她提出了离婚诉讼。

办完离婚手续，他毫不犹豫地卷起行李，搬到一个住宅楼里，那里住着一个寡妇和她5岁的儿子。

有消息灵通人士告诉芸芸，这个寡妇是位公共汽车售票员，她的丈夫是位司机，四年前死于一场车祸，芸芸的丈夫是在车上与她认识的。有一天，他出去办事，上车后才发现口袋里没有钱。车上人个个嘲弄他，一个大男人居然口袋里空空如也，但这位售票员掏钱给她买了票，并拿出两块钱让他回来时乘车，以免被人找麻烦。后来，为了还钱，他来到她家里，很卖力地帮她换煤气，买米……一个丈夫该干的事全干了。据说，为了让女售票员调班，他还几次去与车队领导论理，说得振振有词，感动了车队领导。从此，女售票员只上白班，不上夜班。又据说，她儿子因年龄不够不能上小学，又是他七拐八弯托人说服了小学校长，让孩子上了学。

芸芸不知道，当自己恩赐般地为丈夫创造一切的时候，却无意中毁掉了他作为男人的自尊。而在那位寡妇那里，当他挑起沉重的生活担子的时候，他终于感到了自己是一个顶天立地的男人。

无论外表强悍还是文弱的男人，他的内心里都希望自己能给予女人渴求的安全感，他认为保护自己爱的女人是天经地义的，因而女人也应当是顺从的。为心爱的女人遮风挡雨，这也是男人的一点虚荣的自尊。如果一个女人表现出对一个男人的爱情和力量的渴望，仅凭这一点，他就会心甘情愿地为她付出，并且会一直沉浸在顶天立地的美好感觉中。

当然，我们给男人留面子并不是说女人在外面就没有了发言权和做决定的权利，也不是让我们一味地委曲求全，在做好绿叶的同时也应该有自己的思想和主见，适当地给男人一点建议。比如点菜，比如买衣服，你大可以给出自己的意见，然后再问问他的意见，如果有分歧，两个人商量决定，互相让一步，尽可能圆满些，这也能培养和显示出两个人的默契感。我们要把握好这个分寸，在恰当的时间、适当的场合，给男人体面的自尊。

　　卡耐基的夫人曾经说过，给足男人面子，也是在为自己争得一份爱与尊重，当你在外面给足了男人面子，他会打心眼里感激你，回到家，他会甘之如饴地为你付出，心甘情愿地接受你任何的"暴风骤雨"。

第五章

受得了三千宠爱，
做得了诸葛军师

1.既能站在男人身后，又能站在男人身边

> 这个世界上没有超人和变形金刚，不要把男人想得过于强大。当他感到脆弱的时候，做他心灵的栖息地，为他撑起一片天。
>
> ——卡耐基

一直觉得男人的双臂是男人最神圣的地方，他就是为自己心爱的女人而生。女人累了，可以在男人坚实的臂膀上靠一靠；女人苦了，可以在男人温暖的臂弯里撒撒娇；女人有了悲哀委屈，可以在男人宽大的怀抱中尽情地哭诉，泄尽心中的郁闷、压抑和忧伤。总之，男人可以用双臂为心爱的女人圈起一个无风的世界。

然而，有些看似强大的东西，往往是人为"架"上去的。千百年来，男人就一直被贴上"强大"的标签。于是，就算他们身心疲惫，不堪重负，也要骄傲地站着，苦苦地硬撑。因为他们被人为地挂上了"顶天立地，可以撑起一片天"的头衔，背上了"男儿有泪不轻弹"的牌子。其实，他们也有脆弱的时候，只是一直不敢承认，或是不愿意承认而已。他们总觉得，如果在他人面前，或是在一个女人面前，表现出自己的脆弱，那是一种懦弱的表现。

这个时候，就需要女人发挥自己的聪明和敏锐了。当男人背负着巨大的生活压力，或是当他事业遭遇低谷的时候，你一定要及时地发现他的变化，适当地给他心灵上的安慰，让他感觉自己不是在

孤军奋战，让他的心能够暂时得到休息，安静下来，然后再整装出发，重振雄威，为你们的幸福继续奋斗。

卡耐基为女性朋友讲过这样一个故事：

约瑟夫先生在洗衣店做了25年的送货员，这25年间，他工作表现还算不错，薪水也不低。家里可以靠他一个人的薪水生活，所以约瑟夫夫人只需要在家里料理家务，照顾孩子。

可是金融危机来了，约瑟夫工作的洗衣店受到影响，他被解雇了。突然，这个家的唯一经济来源断了。对于约瑟夫来说，不仅生活受到冲击，心理上也受到了打击。工作25年后失业，接下来自己该怎么办呢？自己没有了工作，太太和孩子要怎么生活呢？他们还要依靠我。约瑟夫先生越想压力越大，结果大病了一场。

约瑟夫夫人原本是一个温柔安静的女人，她没有工作过，人际交往不多，大家都认为这家的一家之主倒下了，日子肯定过不下去了。

这时，约瑟夫夫人得知有一家面包店想转让，价钱又不是很高，但是即使这样也要花光约瑟夫一家所有的积蓄才能把这个面包店盘下来。约瑟夫夫人觉得这是个机会，如果家里人要继续生活下去，必须改善目前的窘境，那就一定要找到工作，如果找不到工作，那就干脆自己创业。

约瑟夫夫人很能干，她像料理自己的家一样装点小店。每天做完家务就来店里为约瑟夫先生帮忙，经常一站就是十几个小时。很多女人面对这样的生活变故，一定很难接受，可是约瑟夫夫人陪着她的丈夫坚持了下来。五年过后，他们的小店经营得有声有色，可以轻松地应付所有的开支。

约瑟夫先生感叹：我们为自己能够凭借自己的努力重新创业而感到十分骄傲，而令我更骄傲的是，我的太太在最艰难的时刻帮我做出了这么明智的选择。

所有人都称赞约瑟夫夫人的坚强，她没有在丈夫失业后大加指责，抱怨生活，而是一声不响地为这个家找到了新的出路。

很多情况下，不是所有女人都能像约瑟夫夫人那样，在丈夫失业时站到丈夫身边，帮助他做一些力所能及的事情。许多女人不愿意去做这些，她们认为，无论何时，丈夫都应该承担起家庭责任，即使丈夫被压垮了，女人也坐视不管。这样，家庭关系只会日益紧张，甚至会使婚姻关系破裂。

卡耐基的夫人桃乐丝说，一个在关键时刻能够给男人以支持和帮助的女人，散发出来的魅力是无限的。

每个成功的男人都希望自己的身后站着一个伟大的女人，那是他们走向成功之路的基石。而且，这个女人的伟大，一定要表现得既低调又坚强。能让一个人男人无后顾之忧的女人，肯定不会事事拿不了主意，毫无主张；这个女人也一定不会嚣张跋扈、刻薄刁钻得让男人想起就头疼；更不会是让男人不想回家面对的人。

所以，男人心目中最理想的伴侣，对自己最有吸引力的女人，便是那个既能站在自己身后默默陪伴，又能站在自己身边和自己同甘共苦的女人。这样的女人，低调时温柔似水，坚强时坚定似山，外柔内刚，无论何时都能扮演好自己的角色。

阿成是个年轻有为的男人，凭着自己的聪明才智，在金融业小有名气。事业有成的他，生活得很幸福，因为家里有个贤妻，还有个可爱的孩子。

他有高超的股市炒作手段，于是私下联合几个财团拉抬一些股票获利，赚了很多钱。然而，股市有风险，它可以让你一夜暴富，也可以让你输得很惨。在经过了事业的高峰之后，好运不再与他相伴，他炒作的股票价位急转直下，一夜之间他不仅破产，还背负了几千万的债。如此沉重的债务，击垮了他所有的信心，也没有了活下去的勇气。于是，他想用跳楼来结束自己的生命。

那天，天空依然晴朗，然而阿成的心里却充满阴霾。他拖着疲惫的身子回到家中，妻子正在厨房做饭，厨房里飘出排骨的香味，妻子一定又在做自己最喜欢吃的红烧排骨，他想。女儿看他回来高兴地叫着爸爸，然后向他扑来。他的心里涌起一阵温暖，很快又化成一阵心酸。他强作欢颜地和女儿玩了起来，他想快乐地和女儿度过最后的时光。

吃过饭后，他看着毫不知情的妻子，不知道怎样向她们告别："我要出一趟远门，没有我的日子里，你要好好照顾自己和女儿，这个家就交给你了。"他鼓足勇气向妻子说。当时的他喉咙里就像卡着一根鱼刺似的难受。

没有想到的是，妻子却在这个时候抱住了他，柔声说道："今天早上的报纸我都看见了，你不用瞒我了。钱没了，那算什么呢？不管有什么困难，我们夫妻俩都可以一起度过，最重要的是活下来才有希望，你不可以这样不负责任地把这个家交给我，没有你，我挑不起这么沉重的负担。"

阿成听了妻子的话，热泪盈眶。原来，不管外面有多少风雨，家永远是那么的温暖。阿成依偎在妻子的怀里痛哭起来，像个受伤的孩子。妻子温柔地抱住他，轻轻地拍着他的背。渐渐地，他从号啕大哭转为轻声抽泣，慢慢平静下来。哭完之后，他也打消了轻生的念头。

接下来的几年里，阿成和老婆一起重新打拼，拼命地工作，短短几年时间就还清了所有的债务，并让自己的事业又有了起色。

男人面对失败是不愿意说出来的，一是怕妻子担心，二是怕有损好不容易树立起来的男子汉形象。其实，男人不管在外面多么的叱咤风云，一旦他失意，永远需要女人的关怀和支持。就像阿成一样，他本不愿说出自己的失败，即使脆弱到失去活下去的勇气。如果阿成的妻子在他如此脆弱的时候，没有细心地发现他的反常，并及时地给予他支持和安慰，阿成恐怕早已经粉身碎骨，哪还有后来的辉煌。

在很多人眼里，女人似乎生来就被人贴上了一个"柔弱"的标签，好像除了做做家务，什么都不会做。在工作中也是这样，很多人都认为女人只能留守在办公室里，帮男同事打打下手，重要的工作好像做不了。事实上，很多看起来很柔弱的女性，内心很坚强。

对男人最有吸引力的女人，低调时温柔似水，坚强时坚定似山，外柔内刚，无论何时都能扮演好自己的角色。

在男人失意的时候，给他一声问候、一点关怀、一点宽容和理解，就等于给了他继续拼搏的勇气和信心。在男人面临进退两难的抉择时，收起一贯的娇宠，用自己的知识和思维，和他冷静地探讨，为他出谋划策。他就会明白，在前进的道路上，还有你陪着他。

卡耐基的夫人桃乐丝曾经说过，如果你是一个聪明的女人，那么，请让自己的心思变得更加细致，细心地体味丈夫心中的苦与乐，及时地给予他贴心的安慰。这样他才能完全信赖你，一辈子对你不离不弃，把你当成他心中永远的家。

2.做男人的贤内助,而不是"嫌内助"

> 一个女人的成功并不只在她在社会上找到自
> 己的位置,能够在外面指点江山固然了不起,但
> 是,能够全力支持一个男人的事业,成就一个成
> 功的男人,她的光芒也是不可以掩盖的。
>
> ——卡耐基

有人开玩笑说,妻子都是丈夫的"xián"内助。是的,女人不是丈夫的贤内助,就是丈夫的"嫌"内助,还有可能是"咸"内助。不是吗?温柔贤惠的就是贤内助;男人不喜欢的"母老虎",讨男人嫌的也叫"嫌"内助;得不到男人真爱的,心里苦涩,不就是一个"咸"内助吗?都是"xián"内助,但关键是看哪个"xián"字。

美国第34任总统陆军五星上将艾森豪威尔的夫人,是一个称职的家庭主妇。她很乐意能做个成功的家庭主妇,而且一直很努力地做好这个"职务"。

虽然,洗全家人的脏衣服、擦地板、到银行办事、整理家务、帮孩子送画具等,实在是一些很让她厌烦的基本家务。但是,艾森豪威尔夫人却知道这些琐事对一个家庭来说是很重要的事情,如果这些小事没有做好,就会影响到家人的生活和情绪。

所以,当孩子的家庭作业忘记带了的时候,她会尽快地给他送

过去，当她看到孩子看见她就像看见救星一样的时候，那一刻，她的心里有很大的满足感。

有时候，艾森豪威尔夫人也会很困惑。每次当丈夫从外面带回来许多重要消息的时候，她就觉得自己似乎跟社会脱了节，像个傻瓜一样只知道说"哦"。她曾想出去找一份工作，融入人群中，同时赚些外快来贴补家用，而不是每天待在家里伸手向丈夫要钱。

面对这些困惑和外界的诱惑，艾森豪威尔夫人就会找许多理由让自己的心平静下来，她会告诉自己，家庭主妇也是很伟大的事业，把孩子照顾好，让他们快乐地成长，是家庭教育不可缺少的一部分，这样他们才会有健全的身心和人格，这个社会才会多很多有为的青年；善用丈夫的薪水来照料家务，多结交一些好朋友，每天早上都看着他吃完她为他准备的热腾腾的早餐之后再去上班，把家整理得无需丈夫再操心，就是在尽最大的能力，帮助他实现他的理想。

有了这些理由之后，艾森豪威尔夫人将家庭主妇的职责坚持了下来，并做得很出色，最终帮丈夫完成了他的理想，让他住进"世界上最大的房子"——白宫，成为继格兰特总统之后第二位职业军人出身的总统。

男人往往都是以事业为主的，他们为了事业终日奔忙，有时甚至无暇顾及家庭，是名副其实的"工作狂"。作为一个聪明的女人，你如果想让你的家庭保持安宁与和谐，你就应该尽量对丈夫的工作给予理解和支持，并且心甘情愿地做丈夫事业上的贤内助，在他的身后为他打理好一切，让他没有任何后顾之忧地为事业奔忙。

程晓曼的丈夫崔海杰是一名代理经销商。程晓曼和他结婚后，他事业不断发展壮大，但也面临着很大的市场竞争压力，为了支撑下去，他几乎成了一个"工作狂"。

崔海杰很忙，一年到头，几乎没有准时回家的时候，要么待在办公室里工作，要么就是陪客户应酬。家里的事情，崔海杰也很少过问，甚至孩子生病了也指望不上他。而且，他对程晓曼的热情和关心也逐渐地减少了。

程晓曼为此痛苦万分，她曾经也想和丈夫哭闹，可是，当她看到丈夫回家时倒头就睡的辛苦样子时，就又忍住了。毕竟，他也是为了这个家庭未来的幸福啊。

虽然程晓曼在理智上理解丈夫的所作所为，但她在情感上仍然无法忍受这一切。直到那一次偶然发生的事情，彻底改变了她最初的想法。

那天，某公司的经理因为需要一批丈夫公司所代销的商品，于是打电话到家里询问商品的性能。恰巧当时丈夫不在家，程晓曼接起了电话，告诉了他一些自己知道的性能，最后又补充道："对于这些产品，我老公是个真正的专家，如果您能让他到您公司去看一看，他就可以推荐最适合您的产品，他最有发言权了。"

结果，这笔生意很快就做成了。

崔海杰后来向程晓曼转述了那位经理的一句话："正是因为你妻子对你的肯定而加强了我对你的信心。"

这次事件，使程晓曼意识到，自己应该真正融入到丈夫的事业中，成为丈夫事业上的助手、家庭上的贤内助。即使自己只是站在圈外接电话，都可以减轻丈夫的负担，使崔海杰有更多的精力去做更重要的事情。

从此，程晓曼开始经常跑图书馆，查资料，了解丈夫的工作情况，帮助丈夫解决一些日常的事务。而崔海杰也发现了妻子的改变，就专门对她加以指导，让她参与自己的商业讨论。

无形之中，程晓曼成了丈夫事业上的得力助手，对丈夫的事业不仅做到了深入了解，而且夫妻间的感情也在与日俱增，夫妻生活更加甜蜜了。

卡耐基的夫人桃乐丝曾经说过，一个家庭需要女人与男人的共同支撑，而一个聪明的女人会在自觉与不自觉间成为男人必不可少的隐形谋士。不是有句名言"一个成功男人的背后定然站着一个伟大的女人"吗？看来，女人成为男人的隐形谋士，这是已经得到不少男人验证过的。然而，女人的伟大之处就在于自己做参谋、出点子，让男人抛头露面，去享受成功的荣耀。在荣耀的喜悦里，男人当然也会领悟到"功名册"里，妻子也是功不可没的。

3.为他的事业"出谋划策"

> 每一个成功男人的背后，都有一个伟大的女人。女人和男人的思维意识和角度均有所不同，两人交流沟通时，容易迸出智慧的火花。做好男人的军师和助手，当你个人发展优秀时，无疑可以为丈夫的成功出力，这是一种两者共赢的完美结合。
>
> ——卡耐基

成功男人也不是天生的，都是从平凡男人的世界走出去的，而在他们背后，都有一个"用心"把他们推向成功的女人。做好男人的助手和军师，在成功路上助他一臂之力，你就会成为那个他要感激一辈子的、难以割舍的女人。

男人有时候像个孩子，对于这一点很多女人都深有体会。比如，做事的时候毛毛躁躁，考虑得也不够成熟，当出现了问题之后，又闷闷不乐地恨不得世界上有后悔药。当男人决策出现错误的时候，很多女人又开始不成熟了，无所顾忌地扮演起了"狠角色"。恨不得把失意的男人打入地狱，要么就在他们耳边念上千百遍的"紧箍咒"，喋喋不休地把男人逼得要发疯。

卡耐基劝诫女人，先别急着给男人下定论，恨铁不成钢地责骂男人。要知道，这个时候男人最需要你的安慰和帮助，你要扮演的角色应该是一个帮他们出谋划策的军师，帮助他们解决难题，度过危机。

赵迪从工程大学软件设计专业毕业后，应父母的要求回到了老家。毫无经验的他在一家小公司做了一个小职员。在那里待了一年后，赵迪感到在这个小地方待下去看不到任何的发展前景，他不愿意就这样做一只井底之蛙。于是，第二年，他怀着闯荡世界的美梦来到了北京。

功夫不负有心人，在经过N次投简历、面试的过程后，赵迪终于找到了一份软件开发的工作。他非常高兴，总算可以学以致用了，而且就在这时，他遇见了同在异乡奋斗的陈澄，两颗孤独的心靠在了一起，并很快结了婚。

赵迪非常珍惜自己的工作和婚姻，每天兢兢业业地工作着。但是，理论知识和现实操作根本就是两回事，赵迪的工作并不是很出色。

在婚后不久，赵迪担心的事情发生了。公司突然进行了一次大规模的裁员，很多员工被解雇了，其中也包括赵迪。赵迪失去工作后，他们的新婚家庭一下子陷入了经济危机，以赵迪当时的经验和技能来说，他只可以做一些简单的编程工作。而在当时，这种人员对于软件行业来说是绝对过剩的。没办法，赵迪只好做起了文职工作，工资不太高，完全无法支撑一个家庭的开支。

面对如此困窘的境地，作为妻子的陈澄没有抱怨自己的丈夫，她一直坚信自己的丈夫能够取得成功。她除了不断地鼓励丈夫，帮他恢复信心以外，自己出去也找了一份兼职，以增加家庭收入，毅然地挑起了养家的重担。

面对异常沮丧的赵迪，陈澄安慰他说："亲爱的，你现在毕业才两年，年纪还小，有的是时间和精力去学习那些我们不会的东西，现在，我的收入足以维持我们的生活了。所以，请你放心地学习吧，我坚信总有一天你会成功的。"

听了妻子鼓励的话语，赵迪非常感动，为了不辜负妻子的厚望，他白天工作，业余时间不断地学习，提高自己的专业技能，积累经验。后来，他通过了程序员考试，成为一名高级程序分析员。后来，进入一家规模较大的公司当软件工程师，薪水和过去简直不可同日而语，他们的家庭也和和美美。

赵迪常说的一句话就是："没有妻子，就没有现在的我。"所以，工作再忙，他也会在百忙之中抽出时间去陪妻子。

毕淑敏曾说："智慧是优秀女人贴身的黄金软甲，是女人纤纤素手中的利斧，可斩征途上的荆棘，可斩身边的烦恼。"在丈夫需要帮助的时候，女人应该及时地运用自己的智慧给予他们帮助。用自己的智慧帮助丈夫走进成功人士的行列，其实就是在为自己谋幸福，也是在为自己斩断烦恼。

美国总统奥巴马的妻子米歇尔为了帮助丈夫竞选，辞去了芝加哥大学医院副院长职务。米歇尔在丈夫的从政道路上发挥了至关重要的作用。2004年，伊利诺伊州联邦参议员民主党初选中，依靠芝加哥市商界领袖的鼎力支持，奥巴马顺利当选，而其中不少商界领袖与米歇尔关系密切。

随着丈夫展开竞选总统的活动，米歇尔从幕后走至前台，越来越多地出现在一些关键的竞选活动现场。在活动中，她不时会透露一些丈夫的"糗事"，如不会收拾床铺和袜子等，以拉近与选民的距离。面对丈夫人气直线上升的大好形势，米歇尔也不忘提醒丈夫的支持者："他不是解决所有问题的圣人。他也会跌倒，会犯错。"许多了解奥巴马的人认为，奥巴马能有今天的成就，米歇尔功不可没，她是奥巴马竞选总统的"秘密武器"。

曾有人担心，米歇尔可能会给奥巴马拖后腿，但事实证明这种担心是没有必要的。在奥巴马初为总统候选人时，米歇尔经常为丈夫的演讲出谋划策。在一些公开场合，米歇尔常常会被民众提问，而她所有的回答都机智风趣。

作为总统大选的一项必要内容，米歇尔也会时不时在公开场合演说，多次演说下来，米歇尔已经越来越有亲和力。米歇尔的演说富有感染力和号召力，她从不长篇大论，而是喜欢用唠家常的方式演讲。她会谈起自己的父母；会说起两个可爱的女儿；当然也会谈谈自己的丈夫，谈他多么优秀，称他可以改变美国。表面上来看，米歇尔的演说有些杂乱，然而就是因为她唠家常式的演说却更好地感染了民众。她不会谈及丈夫的竞争对手，更不会拼命揭对手的短处，也不会谈及政治，却很自然地为丈夫拉到了更多选票。不可否认，米歇尔在奥巴马的事业上担任了很重要的角色，让民众感受到了她的友好和亲和力，她是丈夫事业的"亲善大使"。

有人说："不要急着让生活给予你所有的答案，有时候，你要拿出耐心等等，即便你向空谷喊话，也要等一会儿才会听见绵长的回音。"人的一生，无法判断哪个是厚积薄发的黄金年龄，所以当男人需要个"肩膀"时，请淡定一些，少安毋躁，助他一臂之力！

卡耐基的夫人桃乐丝曾经说过，一个好男人的造就，不光在于男人本身，与之朝夕相处的女人有不可推卸的责任。正如刘墉所说，女人就要做女人，发挥女人的长处，站在男人背后，守着他的窝，拴着他的胃，牵着他的心。为他披上盔甲，看他骑上战马，再抛给他一朵花、一个吻，让他勇敢出征，凯旋而归！

4.当他失意时，需要你的积极安慰

> 每个男人在艰苦的环境中挣扎时，在遇到危机时，在处于失败的边缘时，都需要一个真诚地信任他并安慰他的人。
>
> ——卡耐基

男人在事业上都会碰到不惑，偶尔遭遇梦想照进现实，会满怀纠结。当他们"自忖身心尚未安顿，悟世远不明朗"之时，他们更需要自己的女人去安慰他那颗受伤的心，妻子的态度，直接影响他下一步的发展。

蕙质兰心的女人，能使男人即便处于低谷期也能感到幸福。挺过失意那一关，男人会在某个温馨的时刻，说出一句叫你醉过千年也不肯醒来的话：人世间有百媚千红，我独爱你那一种。

梅子与大伟恋爱的时候，家人就不同意。权衡再三，梅子跟大伟提出了分手。大伟不愿意，恳求梅子不要离开，但梅子迫于压力只能对大伟说："我们在一起过得太辛苦了，你放手吧，也许这样我会更幸福。"大伟无奈地同意了。

梅子把大伟送到了车站，回到住处时看着空荡荡的屋子，心里突然很难过。凌晨时分，梅子听到敲门声，没想到大伟居然没有走，他告诉梅子："如果我走了，我会后悔一辈子。就算再苦再难我也不想分开。我们一定会幸福，我要证明给所有人看。"梅子紧紧地抱住了大伟，这一次她再也不会放手了，她要和他一起奋斗，帮助他成功，创造属于他们自己幸福。

奋斗的日子是艰苦的，梅子去市场卖衣服，大伟在一家装修公司工作。那时候，他们每天都吃最便宜的菜，只为了多省些钱。尽管日子过得很紧，梅子依然花很昂贵的学费给大伟报了关于房屋装修的培训班，她可不想让大伟一直当个打下手的小工。

大伟也很努力，工作再辛苦，培训课也从不落下一节。看到丈夫如此辛苦，梅子又想到了一个办法，就是在大伟实在忙不过来的时候，代他去听课，为此她专门买了一个录音机，坐在离老师最近的地方，将讲的内容仔细地录下来。笔记做得更是认真，不敢落下老师写在黑板上的一个字。就这样，一年过后，大伟从一个小工变成了公司里的设计人员。

第一个设计方案通过的时候，大伟花了上千元为梅子买了一枚戒指。那天晚上，他们一起在外面散步，梅子望着一扇扇窗户说："什么时候我们才能有扇属于自己的窗户呢?"大伟握住她的手说："一切都会有的。"

大伟努力地兑现自己的承诺。经过多年的打拼，他拥有了自己的装修公司。现在的他们在这个城市里有了房子，这么多年来，大伟一直把梅子当作手心里的宝，从未改变过。

走过了人生路上的风风雨雨，梅子觉得自己很幸福，她的幸福不仅仅是拥有现在的物质，更在于她和爱人心里的那一份坚持。每每想起与丈夫一起奋斗的那些年，梅子都会由衷地说："那时候真穷，但真幸福。"

男人，表面看似坚强刚毅，其实不然。男人并非是天生的坚强刚毅的性格，是社会观念迫使男人无论在何时何地都强撑着刚毅的架子。在男人事业失利时，他们同样也会沮丧，同样也需要有人来安慰。如果双方不知道互相体谅，只一味地说三道四，最终会使婚姻走到尽头。

2008年8月17日，北京射击馆男子50米步枪三姿决赛。当埃蒙斯第9枪射出9.8环后，他轻轻地点了点头，对自己的成绩感到很满意。埃蒙斯对第二名还是保持有3.3环的巨大优势，下一枪他只需要射出不低于6.7环的成绩，就可以获得他在北京奥运会上的第一枚金牌。埃蒙斯最后一枪比谁射得都慢，当所有选手都完成最后一枪，他才缓缓端起枪托，瞄准，射击，4.4环！在全场观众不知所措的惊叹声中，埃蒙斯将几乎到手的金牌让给了中国选手邱健。

意识到自己犯下重大错误的埃蒙斯这时只是站在原地，一动不动。

作为捷克电视台的解说员，埃蒙斯的妻子卡特琳娜在现场目睹了丈夫从天堂到地狱的全部过程。卡特琳娜的眼睛里满是忧伤地说："这太令人难以置信了！整整4年，他都在等待这场比赛，没想到结局是如此不幸。"

埃蒙斯和卡特琳娜相识于2004年雅典奥运会。在2004年8月22日雅典奥运会，同样是在男子50米步枪三姿决赛中，同样是第九枪结束后，位于2号靶位的埃蒙斯领先第二名的中国选手贾占波4环，然而最后一声枪响后，子弹竟然飞到了3号靶子上。那一年，埃蒙斯同样在最后一轮痛失金牌。当他一个人躲在僻静的角落喝闷酒时，一个金发姑娘走了过来，对埃蒙斯说道："喝一杯怎么样？一切都会过去的，不是吗？"听到这话，埃蒙斯抬起头，立刻被面前这个美丽的姑娘迷住了。2007年6月30日，在卡特琳娜的家乡，26岁的埃蒙斯和不到24岁的卡特琳娜结婚了。

看着丈夫重演了四年前的悲剧，卡特琳娜来到埃蒙斯身边，与他紧紧拥抱在了一起。已经27岁的埃蒙斯，这时就像一个孩子一样将脑袋深深埋在了卡特琳娜的怀里。过了好久，埃蒙斯才终于把头抬起来，他看到的是妻子鼓励的眼神，卡特琳娜双手抱住埃蒙斯的脑袋，眼睛注视着埃蒙斯，嘴里则在轻声鼓励："亲爱的，你做得很好，你前面打得很棒，你已经证明了自己。""我现在可以喝啤酒去了。"或许是受了妻子的鼓励，沮丧的埃蒙斯走回了赛场，向其他运动员拥抱表示了祝贺，并向裁判表示了感谢。

这一刻，现场少了山呼海啸的呐喊，绝大部分观众都把同情、鼓励、祝福的掌声献给了埃蒙斯。从奥运选手的例子可以看出：四年前，正是卡特琳娜的安慰，才使埃蒙斯从失利的阴影中走了出来，同样这次，正是有了卡特琳娜的安慰，才使丈夫再次鼓起勇气，接受了这个现实。

卡耐基的夫人桃乐丝也曾经说过，男人在外边容易受伤，安慰他一下，他才会更像男人。男人其实也很脆弱，在打拼事业时会有失败和痛苦，如果能在妻子的柔情中得到安慰，他会更努力。妻子的爱对丈夫是动力和自信！愿天下女人在共同的生活中以脉脉温情去安慰男人那颗也需要安慰的心！

5.成为对方事业的亲善大使

> 一个妻子所应该做到的，就是帮助丈夫找出生命中最渴望得到的东西，然后才能与丈夫齐心协力去实现这些理想。
>
> ——卡耐基

如果把婚姻比喻成一张白纸，那么，夫妻是两个画家，重要的是看你在自己的白纸上涂抹什么颜色。是画龙点睛，还是画蛇添足，全看两个人的兴趣和修养。如果夫妻双方共同努力，心往一处想，劲儿往一处使，有相同的构思，有精致的笔墨，有和谐的色彩，一起规划美好的未来，那么婚姻这张图画会越来越精致，越来越美丽。

现在是两性平等的社会，男女双方都要努力缔造前程，彼此相互提携，为了共同的方向一起努力迈进、享受成果，这是人生最美好的事。其实，家庭就好比是一辆行驶在路上的马车，有时会陷入泥潭、沼泽，此时你就应当承担起做爱人的责任，及时调整自己，给心爱的人添一份哪怕是微薄的力量。

一天早上，电车里的乘客都突然伸长脖子，注视着一个活泼敏捷、衣着入时的漂亮女士——她扛着一把猎枪跳上了车。

这是个广告噱头？或者她是个怪人？许多乘客内心都感到隐隐的不安，直到这位女士到站下了车，大家才松了一口气。其实，这只不过是丽亚在帮她丈夫的客户的忙，把这支赊账买来的猎枪送回到原来的店里去。

她的丈夫梅尔是一家家用电器厂的优秀推销员，丽亚曾经想出许多方法来帮助他拓展业务，由此她被自己的先生戏称为他的"星期五女郎"。

"我先生对工作充满了热情和活力，甚至连他的日常生活，包括吃饭、睡觉与呼吸也都是如此。"丽亚曾自豪地对朋友说，"而我自然也感染到这令人振奋的激情。过去几年来，我曾经想出各种办法来帮助他。直至今天，我一直都很喜欢帮他做些力所能及的事情。"

丽亚认为，让丈夫把全部精力都用到业务的拓展上去十分重要，为此，她就设法不让丈夫为琐事分神。她相信，如果她能够帮助丈夫处理一些细小却又必要的杂务，她的丈夫就能更好地集中精力做事，发挥出他最大的潜能。

由于梅尔先生有许多信件必须带回家处理，所以丽亚很快就学会了打字。开车跑遍30多个州，对一个男人来说是很费精力的事情，所以丽亚也学会了开车。"我曾开车把梅尔从纽约时报广场接送到旧金山金门大桥。"丽亚骄傲地说，"对他来说，这是一件很简单的事。对我来说，可就是一个很奇妙的体验了。"

看得出来，即使是培养兴趣爱好，丽亚也都是在为她丈夫的事业着想。她收集了许多旧熨斗，有些甚至已经有上百年的历史了。她还为先生画了许多彩色海报，准备在销售会上将它们展览、陈列出来，这当然也收到不错的效果。

由于丽亚为自己丈夫的事业付出了不少心血，所以她能从丈夫的成功之中获得更多的成就感。难怪当梅尔先生在田纳西州的一次销售会上发表演说以后，听众中就有人问他："我不知道，今天晚上谁对你的演讲最感兴趣？是推销员还是你的太太？"

每个人都无法预料未来会发生什么意想不到的事情，使家庭的经济来源突然中断。面对突如其来的变故，贤惠的妻子不应用谩骂、争吵和指责来解决家庭问题，而应与丈夫一起承担起家庭的责任，不退缩、不逃避。调整方向，目标一致，夫妻才能一起走过生活中的风风雨雨。

在南方某村有一对恩爱的夫妻，他们心往一处想，共同谱写了一曲和美的家庭之歌。他们的真情故事在村中广为流传，成为全村的榜样。提起他们家，人们都会情不自禁地交口称赞。是什么让这对夫妻相濡以沫，共同面对生活中的点点滴滴，一起创造甜蜜、幸福的生活呢？

每当问起他们是怎样把夫妻关系处理得如此美好时，他们都会不约而同地说：是彼此对对方的真爱，是心心相印的恩爱，让他们和睦相处，共同建设着这个家。

1921年，路易斯·劳斯出任美国星星监狱的监狱长，当时星星监狱是美国所有监狱中最难管理的，前任的狱长中，从没有人能坚持超过3个星期。

可是劳斯在狱长的位置上稳稳地坐了20年，而且在他退休时星星监狱已经成为一所人人称道的模范监狱。这些功劳归于劳斯，监狱的改变是因为他在监狱中提倡人道主义。而当他本人被问及监狱改观的原因时，他说："这些都要归功于我的妻子凯瑟琳。"

当劳斯成为监狱长时，身边的每个人都对凯瑟琳说千万不能踏进那所监狱，还警告她监狱里关押的都是重刑犯，里面的犯人有多么恐怖。但那些话没有吓到凯瑟琳，她当时就表态："如果我的丈夫能去，那我有什么不可以？我要和我的丈夫一起照顾、教育那些人，我相信他们也会照顾我的，我一点都不担心。"当监狱举行一届篮球赛时，她带着自己的3个孩子大大方方地走进体育馆，与服刑人员坐在一起。同他们一起欢呼，打成了一片。

凯瑟琳一直努力实践着自己当初"和丈夫一起照顾犯人"的心愿，总是乐于去帮助他们。她经常深入监狱和犯人们交流，劝他们积极向善，聆听他们倾诉苦恼。当她听说一名被判有谋杀罪的犯人双目失明时，她赶去看望他。她握住犯人的手问："你学过点字阅读法吗？"犯人表示根本不知道什么是点字阅读，于是凯瑟琳手把手地把这种盲人的阅读方法教给了他。几年后，当这个犯人回想起这一情景还是会感动得流眼泪。狱中有一个聋哑犯人，别人都不知道该如何和他交流，凯瑟琳为了帮助他，特意自己跑到学校去学习手语。她就是这样用一颗善良的心对待每一个犯人。犯人们都被她的行为所感动，称赞她是耶稣基督的化身。

在十几年间，她经常造访星星监狱，无论是老犯人还是新犯人都非常尊敬和爱戴这位善良的狱长夫人。在她的感化下，犯人们越发地遵守监狱的规定，监狱的秩序变得越来越好。

1937年，一场车祸夺走了她的生命。第二天，消息传遍了整个监狱，犯人们都知道了那个基督的化身回到了天堂。这天早晨，代理监狱长在视察监狱时惊愕地发现，囚犯们居然齐集在监狱大门口。他走上前去，发现这些平日里凶神恶煞的家伙们脸上都写满了悲伤，有的甚至是满脸的泪水。他知道这些人深爱着凯瑟琳，想去见她最后一面。他思考了一会儿下定了决心："好了，各位，你们可以去，只是记得今晚一定要回来报到。"

一大队囚犯走了出去，在没有守卫的情形之下，走了将近一英里的路去向凯瑟琳道别。当晚所有的囚犯都赶了回来，没有一个人迟到。

有人形容，夫妻就像筷子，谁也离不开谁，酸甜苦辣一起尝。对于志趣相投、学习与发展途径兼容者，不是简单的夫唱妇随，而是彼此互相协助，共同发展进步。即使不同行，也有许多夫妇从年轻时期就携手共创事业，在编织美丽的梦想后，全力以赴，互相勉励与坚持，这也是值得钦羡的模式。携手共同创业，终必卓然有成。

6.妻子对他认同，丈夫就会事业有成

> 女人对男人表示某种认同的时候，不仅是对男人已经完成的事情的肯定，而且可以增强男人的自信心。而在男人的眼里，这样的女人是旺夫的女人，会成为自己一生的挚爱。
>
> ——卡耐基

希望得到别人的赞同和肯定，得到最亲近的人的欣赏，这是人的普遍心理。我们常常在影视中看见这样的画面，一个男人在临阵杀敌之前如果被自己喜欢的女人推崇一番，他就会突然像变了一个人一样，一下子变得勇敢善战起来。这说明什么？说明男人喜欢被女人认同和赞赏，需要女人崇拜。对男人来说，女人认同的力量不可小觑，它可以激发男人潜在的能力。

王小雅的丈夫牛强生性格温和、不善言谈，是一个大学生。与他相反，王小雅却是个很活泼开朗的女人，但只有高中学历。

因为牛强生的性格太过温顺，甚至有点柔弱，所以工作一直就不是很顺利，可王小雅却没有因此埋怨他。"我看你是个人才，只是他们不识千里马。你一定会找到自己的伯乐。"每当丈夫心灰意冷的时候，王小雅常常这样宽慰丈夫。

由于工作不顺利，牛强生提出自己创业。王小雅清楚，凭丈夫的性格，不一定适合做老板，但是她觉得，正是丈夫的这种不好的性格，才更需要锻炼和改变。

王小雅拿出了多年的积蓄，让牛强生创办了属于自己的公司。可是，公司经营半年就一直做赔本的买卖，眼看着就要血本无归了。

"我可能真的不是做老板的料，不做了吧。"牛强生说。

"谁说你不是做老板的料呢？我看你行，只是运气不好，做生意就是有赚有赔。"王小雅鼓励丈夫说。

每次只要一回到家，一遇上这活泼的老婆，牛强生的心情就好起来。不是因为老婆话多，而是因为老婆的每句话让他都很受用，让他感觉自己在老婆眼里原来那么能干，那些在外受的委屈也一下子消失了。也因为老婆的这些话，牛强生暗暗发誓一定要做出点成绩给老婆看看，不能让老婆失望。

在后来的几年时间里，牛强生进步很快，他也成了一家大公司的老板，身家超过千万。

有人说，男人有钱就变坏。其实，不是男人有钱就变坏，而是外面的诱惑太多了。牛强生作为一个成功的男人，自然也会面临诸多的诱惑，但他能抵制种种诱惑，不在外面拈花惹草。牛强生心中清楚，自己的成功要得益于自己的老婆，王小雅是个旺夫的女人，自己绝不能背叛这样的好女人。

有人羡慕王小雅好命，可有多少人知道这一切可都是王小雅自己挣下的呢？

　　赞赏男人是得到男人认同的办法，也是女人守住幸福的办法。男人承担着一家之重，在外很是辛苦，也许还受尽老板的摧残，他也会有坚持不住的时候。这时候女人适时地认同赞赏他一下，不但给他鼓励，也让他在女人这找到一份安慰，这样他才会更加努力地去奋斗，让女人得到该得的幸福。

　　所以，认同是一种力量，可以激起男人最大的潜力。聪明的女人懂得，自己是属于他的，如果自己不认同他，留给谁来认同呢？等别人认同了，只怕一切都完了。

　　男人爱面子就如女人爱漂亮，认同对于男人的重要性就好似赞美对于女人的重要性。女人一高兴就和赞美者近乎了，而男人一高兴，也自然会对认同自己的女人关爱有加。

　　罗伯·德培勒先生一直都梦想自己能够成为一名伟大的推销员，因为他在心里十分热爱推销这个行业。1947年，德培勒先生终于等来了机会，成为了一家保险公司的业务员。可是，德培勒先生看起来似乎并不适合做推销员，因为尽管他已经非常努力地工作了，可是他的业务却丝毫没有起色。业务员没有业务，那简直就像是人体失去了血液。德培勒先生为此十分的苦恼，他感到非常的紧张和痛苦，认为自己现在面临的最好选择就是辞职。

　　可是，德培勒太太却不这么认为，她一直对德培勒先生说："看你怎么了？难道这点小挫折就把你击垮了吗？这只是暂时的，不要担心，亲爱的。下一次，下一次你一定可以成功的，相信你自己。你一定可以成为一名最优秀的推销员，这一点我从来没有怀疑过。"

　　后来，德培勒夫妇决定先锻炼一下自己，于是两个人一起在一家工厂找了一份工作。在接下来的两年时间里，德培勒太太一直都在鼓励自己的丈夫。她总是提醒自己的丈夫不要忽略了自己的仪表和谈吐, 而且还经常指出他身上的优良品质。最重要的是, 德培勒太太总是说: "相信我, 罗伯, 你从一生下来就是做推销员的料。既然你有这样的能力, 那干嘛还要浪费呢? 继续吧, 你一定会成功的。"

在妻子的不断鼓励下, 德培勒先生找回了自信。他曾经对朋友说: "我有什么理由去辜负我太太对我这样深切的信任呢? 她始终都在鼓励我, 让我树立起了对自己的信心。我该怎么办? 难道还要再等吗? 不, 我马上就选择了离开工厂, 再一次投身于推销事业。这次, 我比以前更有信心了。"

遗憾的是, 多数女人往往不会在意男人的努力, 对他们的工作视而不见。卡耐基的夫人桃乐丝说, 如果你是个聪明的女人, 不妨主动靠近他, 说说你对他的欣赏, 对他的崇拜, 让他有十足的面子。很多时候男人没有去选择自己最喜欢的女人, 而选择了那个最认同自己的女人。

7.陪伴男人度过事业的低谷

> 聪明的女人是男人事业航船上的桅杆, 在他事业出现低潮期的时候, 会帮他扬帆起航, 陪他渡达彼岸。
>
> ——卡耐基

男人就像是孩子，不管他们在职场或商场中如何威风，不管他们曾经是英雄还是枭雄，一旦他们失意了，就需要女人给予理解和支持。只不过，一直以来男人都觉得大丈夫在事业上有忧虑，应该自己解决，不该麻烦女人。他们想尽办法瞒住自己的妻子，不让她们知道，以免她们的柔弱心灵承受不了害怕与不安，认为自己的丈夫原来也不过如此，破坏自己好不容易建立起来的形象。他们耻于承认自己的失败和挫折，他们不承认自己被打败。直到这些问题越来越多，把他逼得无路可走，不堪重负的他们往往选择一种极端的方式逃避现实，譬如自甘堕落，破罐子破摔，甚至是一死了之。

而女人呢？往往等老公出了事之后，才发现他们有压力，但那时该发生的都发生了，什么也挽回不了了。所以，作为女人，就必须细微地体味男人情绪上的变化，在男人事业上出现"低潮期"的时候，风雨兼程地陪他渡过这段苦海。

克里斯先生在一家报社做记者。说实话，他真的不适合做这份工作，因为他性格内向，有些害羞，而且还缺乏自信。每天早上，克里斯先生都是皱着眉头起床，然后苦着一张脸吃早餐，接着又很沮丧地离开家门，因为他知道自己又要忍受一天的折磨。而到晚上，当回到家时，克里斯先生总是愁眉苦脸，懒散地把公文包扔在沙发上。他不喜欢看电视，也没有其他爱好，他的一天就是由上班、下班、发呆和睡觉四部分组成。对于他来说，生活不是一种快乐的享受，而是一种痛苦的折磨。

终于有一天，克里斯先生再也忍不住了。吃晚饭的时候，他对妻子说："亲爱的，我是不是真的很没用？我觉得自己活在这个世界上简直就是多余的。"妻子看了看他，回答说："我不知道是什么原因导致你产生这种想法，但我从来没有这样认为过。克里斯，我一直都认为,你是世界上最棒的人。你知道吗?你写的那些稿子让很多人知道刚刚发生的事,而也正是在你的努力之下才使我们的家庭一直都过着非常殷实的生活。我不知道什么叫成功人士,但我觉得你所做的一切都是非常成功的。克里斯,你干吗那么不相信自己?你永远是我心中的英雄。"克里斯听后没有做出反应,只是心里不停地念叨着:"我是最棒的!我是最棒的!……"

第二天早上,克里斯起床以后,发现妻子已经上班去了。他来到餐桌前,准备吃早餐,突然看见一张字条,上面写着:"克里斯,你要相信自己,我一直都认为你是最重要的。"

从那以后,克里斯先生再也没有感到痛苦过,因为他知道自己对于社会和家庭是很重要的。他不再害羞,也不再害怕,对生活和工作充满了信心。如今,他已经做到了报社主编的位置。

在家庭中,男人就如同那根顶梁柱,当他陷入事业低谷时,家庭气氛往往也随之进入了"冰冻"的状态。此时,男人往往会采用沉默、若无其事、自我折磨的方式来抵抗内心的痛苦。虽然他们表面上有说有笑,在生活中仍旧对妻子百般呵护,但他们自己好像被"冻"过一样,生硬、收缩、迟缓、苍白,透着一丝寒意。这时候,女人千万别被寒意感染,变得迟疑、紧张、手足无措。你首先要让他知道"低谷"的价值。男人在事业的低谷中状态不佳,是因为不接受自己的失败;几乎所有的男人都会认为自己应该是一个事业顺利和成功的人,而不应该遇到这么大的挫折和失落;他们觉得不公平、没面子,充满了排斥感,他们想让自己快点走出低谷,但是越急,压力越大,心情越糟糕。

其实,对男人而言,"低谷"恰恰是一个宝贵的阶段,短暂的低谷仅仅意味着短暂的后退,这样的经历能够让男人正确认识自己、认识职场,积极地调整方向,进行自我改进。所以,女人不要心急，在还没有真正实现低谷的价值的时候，就急着让男人脱离低谷。这时候，你最好"狠一下心"，看着男人承受一段时间的折磨，让他在低谷中安安静静地思考和体味；这个时候你需要做的，就是像往常一样，相信他、爱他、无微不至地照顾他。

海利自认为是一个贤妻良母的好女人，每天早晨起来给家人准备早饭，上班之前把孩子送到幼儿园，下班回到家里各种家务还是照做不误。

在别人眼中，海利是个无可挑剔的好妻子、好妈妈，他们也经常在她老公面前称赞她，说他娶了个好老婆。虽然老公也看到了她所做的一切，但有好几次他还是对朋友表示出一点点不满。他说："我宁愿她少做些家务，能够在事业上多给我一些意见，帮我出出主意。"

然而，海利一直认为，男人都是"兵来将挡，水来土掩"的，从不需要女人帮他们做什么，她只要做好"后勤"工作就好了。而且，朋友也曾经告诉过她，男人的事情女人不要管太多，就算你管了他们也会说你"妇人之见"，起不了什么作用，有时反倒惹他们心烦。海利很矛盾，不知道该不该为他的工作出谋划策，更不知道如何给他提供有用的帮助。

后来，她老公在工作中因为一时疏忽，使自己的事业陷入了低谷。每天回家都愁眉不展，有时还动不动就发脾气，顾虑颇多的海利却只能看着老公日渐消沉，日子一天天地过，原来那个上进心强的老公已经一去不复返，海利也不知所措。就这样，因为老公事业上出现低谷，他们的家也从此陷入愁云惨雾中。

一天，海利无意间看见电视上一档关于婚姻家庭的节目，讲的是妻子应该如何在事业上帮助丈夫。海利似乎看见了自己的影子，明白了自己不应该仅是一个贤内助，还应该是丈夫事业上的得力助手。于是,她详细地分析了丈夫事业低谷的原因并给丈夫提出了宝贵的意见,并给了丈夫很多支持和鼓励。在海利的帮助下,丈夫终于从低谷中走了出来。

男人在低谷中情绪变化很大,起初是愤怒,接下来是烦躁,最后就是冷漠。即便是在恢复期,也会偶尔表现出犹豫、不安和悲观等,这时候女人要全力以赴地帮他们疏导情绪,学会给男人一个发作的机会,不要让这种坏情绪伤了他的身体。当他发脾气的时候,你要回应他、和他争执、让他发作一会儿,然后你可以妥协、后退、认错,最后让他胜利。

如果女人在男人事业低谷的时候,表现得过于忍让,或者过于敏感,都会影响男人的情绪宣泄。因此,女人应当尽量表现出一种稳定的情绪状态,像对待知己一样,让他们把真实的自己表现出来,你只需要做一个听众即可,不要喋喋不休地做一个批判者。实际上,很多男人也想把他们的困扰说给自己的妻子听,可惜的是女人们总不想或者不知道该如何去听。

卡耐基的夫人桃乐丝说,男人远没有女人想象中那么坚强,在他需要的时候给他一些安慰和理解,帮他走出人生的低潮。他嘴里可能没有对你说感谢,但心里一定会记得,这个陪他走过风雨路的女人。当你陪他走出低谷的时候,你自然也就占据了他心中最重要的"领土"。

19世纪末的时候,亨利·福特还只不过是一名年轻的技工。那时的他受雇于底特律城的电灯公司,每天要工作10小时,而周薪仅仅只有11美元。每天晚上回家之后,福特总是会躲在家里一间旧棚子里忙活到深夜,因为他一直都梦想着靠自己的努力研制出一种新的引擎来。

可是，似乎所有的人都不支持亨利·福特的这种做法。亨利的父亲是个农夫，他坚信儿子这种愚蠢的做法是在浪费时间。他的邻居们也都嘲笑他，认为他是个超级大笨蛋。

面对周围人的不理解，福特的信念一点也没有动摇，因为他的妻子一直默默地支持着他，即使她每天也要做很多事情，但她总是会在忙完手头上的事以后就来到那间旧棚子里帮助福特搞研究。冬天是最难熬的日子，为了让丈夫能够安心工作，福特太太总是站在旁边，默默地提着煤油灯给丈夫照亮。有时候，她的两手都被冻得发紫，牙齿也上下颤抖。不过，福特太太始终都没有怀疑过自己的丈夫，一直都坚信他终有一天会成功。

终于在3年后，也就是1893年的一天，街道上突然传来了一串很奇怪的声音。福特家的邻居不知道发生了什么事，都隔着自己的窗户向外看。而他们看到的是大怪人福特正和妻子坐在一辆马车上，而那辆马车居然没有马在拉。真让人难以置信，那辆奇怪的马车竟然可以在大街上来回跑动——一个新兴的工业诞生了。亨利·福特先生之所以能够取得如此巨大的成就，当然和他太太的鼎力支持是分不开的。

可见，当一个男人的事业遇到挫折时，当一个男人陷入困境时，他最需要什么？一个女人，一个坚定地支持他、追随他、相信他并且能够呵护他的女人。男人在外面工作，总是会遇到各种各样不顺心的事，甚至有时候还会使自己身处险地。这时候男人最需要的是自己太太的支持，因为只有她才能给自己足够的勇气去面对现实，去抵抗任何困难。女士们，当你的丈夫正处于困难时期时，你们所要做的就是让他知道，不管发生什么，都不可能动摇你对他的信心。

第六章

因爱相守，
别让爱情输给了岁月

1.嫁给王子不是结局，幸福要靠自己经营

> 快乐的婚姻，很少是机会的产物，他们如同
> 建筑物，必须理智地用心去设计。
>
> ——卡耐基

灰姑娘住进了华丽的城堡，从此与王子过上了幸福的生活。

这一段美妙的童话，令无数女子动容。几乎每个女子，都希冀着能够有一场那样美妙的爱情。可是，有谁知道，麻雀变凤凰的背后，也有着豪门深似海的无奈；又有谁知道，童话里那所谓的幸福生活究竟什么样。

灰姑娘的幸福，始终是一场童话。遇见了王子，不一定是美好的开始；步入了婚姻，也不等于会一辈子幸福。

萧伯纳曾说："此时此刻在地球上，约有两万个人适合当你的人生伴侣，就看你先遇到哪一个。如果在第二个理想伴侣出现之前，你已经跟前一个人发展出相知相惜、互相信赖的深层关系，那后者就会变成你的好朋友；但是若你跟前一个人没有培养出深层关系，感情就容易动摇变心，直到你与这些理想伴侣候选人的其中一位拥有稳固的深情，才是幸福的开始，漂泊的结束。"

也许这番话有些晦涩难懂，可细细品读，就会发现它是在传述幸福婚恋的智慧。遇到谁、爱上谁，不需要努力，但要持续地爱一个人，让一份激情变成稳固的深情，就必须用心培养。结婚不是幸福的开始，经营才是。

他们恋爱了好几年了，女孩不顾家人的反对，执意要嫁给贫穷的他。因此，他们举行了简单的婚礼。没有靓丽的结婚照、没有花车、更没高朋满座。从此以后，她跟他就过上了更加简朴的生活。第二年，女人怀孕了，可男人却失业了。面临着经济方面的拮据，男人开始到处去打工，而女人每天在家门口耐心地等待着他心爱的丈夫回来。女人并没有感到寂寞，因为男人每次回来都给女人带一些东西，有时就是在路边采的一朵野花，这也让女人开心很久。

不幸的是，女人在分娩的过程中难产，虽然母子平安，但这让他们背上了一笔不小的债务。因为男人要照顾妻子，他又失业了。两个月后，家里已经没有任何可以支配的钱了。还有两万多元的外债要还，女人哭了。

经朋友的介绍，他去了一家公司上班。不久，公司派他去北京出差，他想给女人买两件衣服，因为妻子已经好久没有添新衣服了，但不知道女人的尺码，于是打电话问女人。女人坚决不同意，因为她说不想乱花钱。于是，男人依照自己的想象给女人买了些衣服。回家后买的衣服女人穿不了，她哭了，接着又笑了，她抱住了男人。女人后来一直穿着这件衣服，她没有感到衣服有什么不合适。

渐渐地，生活好了起来，男人送花不再是路边的野花，取而代之的总是鲜艳的玫瑰，在特别的日子，女人还会收到一大束。而女人，每次男人回来，给男人一个拥抱、一个亲吻成了她的习惯。两个人总是如胶似漆、卿卿我我。

十几年后，男人有了自己的事业，并且如日中天。事业的繁忙，使他开始顾不上自己的妻子。他认为，家中富有了，妻子好像也不缺什么。可是，就在他四十岁那年，妻子突然提出了离婚。男人无法阻止妻子，问妻子要什么。妻子说自己只想回老家照顾年迈的父母，在这个家里，她没有什么可要的，唯一要带走的就是堆放在阁楼上那几麻袋装着的东西。

丈夫很奇怪，半夜里偷偷地爬到阁楼上翻开麻袋一看，里面装着都是烘干的花瓣。原来，女人把丈夫送给她的鲜花风干后都留了下来，十几年来攒了好几袋。男人明白了女人要离婚的原因。

第二天，男人乞求女人再给他几天时间考虑考虑，女人勉强答应了。这天，女人收到有生以来最大的一捧玫瑰，男人在卡片上写道："这是对你这一年多时间的补偿！我忽视你，并不代表我不爱你。"女人再没有提离婚的事，而男人呢？不管工作有多忙，他也不会忘记给妻子买一束鲜花，或陪妻子去喝一杯咖啡，就是实在没有时间，他也会在短信中给妻子说一句："我爱你！"后来，朋友常取笑他们说："孩子都上初中了，怎么夫妻两个还像小夫妻那样缠绵。"

卡耐基认为，婚姻就是契约，你领到的结婚证，其实就是双方的一个契约。因此我们每一个人都应该理性地维护婚姻，要有强烈的契约意识，积极地经营婚姻。

而关于婚姻是爱情的延续，正是爱情的坟墓，只在于当事人的心得了。善于经营的人，自然会把婚姻经营得如爱情般甜蜜和谐，甚至有过之而无不及，而不善于经营的人，爱情只会在婚姻中慢慢地平淡，被生活中的琐事取代，直到消失。

维系婚姻就像培育一朵花，这里有一个漫长的过程，需要你精心地去呵护、浇灌，还不时地要松土施肥，剪叶裁枝，而不是单纯地把它交给时间，任其自生自灭，这样花才能长开不败。

世界上，不存在天生就合适的婚姻。任何一段婚姻都是需要用心经营的，女人唯有经营好自己的婚姻，才能够与爱人幸福地相伴一生。有人说，世间有两种女人：一种女人无论嫁给谁都会后悔，这倒不是说她们见异思迁，而是她们本身就不懂得经营婚姻的方法，遇到问题就只知道埋怨对方，怀疑对方；另一种女人，无论嫁给国会议员还是普通的工人，都会幸福一生，因为她们懂得用一份真挚的爱去维系婚姻关系，用包容和理解去经营自己的生活。

刚结婚的时候，她觉得自己是老天的宠儿。六年之后，这个曾经暗暗为自己遇到一个好男人而庆幸的女子，却对生活、对婚姻充满了厌倦。

她对母亲说，不如当年一直单身，陪在她身边。母亲听闻后，问她心里在想什么，她一五一十地说出了自己的感受。母亲淡然，似乎这样的心情她也曾有过。母亲说道："这个世界上，任何一段婚姻都是这样，柴米油盐，彼此就像是亲人，不可能一直像恋爱时那样。男人应该有自己的事业，做妻子的也要理解他。过去，他对你很体贴，现在他不过是换了一种方式来爱你，他在为你、为孩子打拼，给你们稳定的生活。这种爱，不是更深刻吗？我和你爸爸结婚三十二年了，可我们之间依然像过去那样。婚姻，是要用心经营的。"

经营，这个词语她听过无数次，看过无数次，却从不知道该如何经营。她问母亲："这些年，您是怎样经营婚姻的？"母亲笑笑，缓缓地说，她只是坚持做了三件事：

第一件事，留余地。人都有个习惯，在争吵的时候，喜欢说些伤人的话。虽然是有口无心，可这样很伤感情。最好的办法就是，刚一起争执的时候，马上停下，谁也不再说话。这样的话，就不会说出那些可能会后悔的话。遇到问题暂时解决不了，那就先放下，别去管它，享受一顿美食，心情好了，矛盾也容易解决了。

第二件事，装糊涂。都说婚姻里的女人得"睁一只眼闭一只眼",其实这就是要女人装糊涂。两个人的事,没必要太较真,非要争出来个子丑寅卯,把对方逼到墙角才罢休。婚姻里面,最伤人的表情,不是愤怒、痛斥,而是冷漠、鄙夷和不屑。照镜子的时候你自己也会发现,这样的表情有多难看。想要避免这样的表情出现,就得会装糊涂。糊涂,得心里有,若只是在脸上装,那是会露馅的。不是原则性的问题,就任它去吧,做点你喜欢的事,远比盯着男人的那点瑕疵要舒坦。

第三件事,要信任。女人渴望被爱,忌讳男人在感情上的背叛,这一点不管是灰姑娘还是女王,都是一样的。可既然结婚了,彼此间就要信任,尤其是女人更得信任丈夫。不要做捕风捉影的事,不要因为丈夫与异性交往就莫名地吃醋,你越是这么做,越是等于在往外推他。信任是经营婚姻最需要的一种能力,它是需要培养和修炼的。若女人具备了这样的能力,且男人也感受到了,就算真的有感情上的困扰,为了不辜负女人的信任,他也会约束自己。

听着母亲娓娓道来她的婚姻经,她突然觉得,眼前这位年近六旬的女人,有一种特殊的美。温和从容的脸上,挂着浅浅的微笑,透出一份宽容、一份娴静、一份幸福。

她突然发现,在此之前她根本没有看透婚姻和幸福的真相,可现在她领悟了,幸福都是用心经营出来的。

婚姻是个漫长的过程,夫妻的相处也不是单纯地交给时间就能解决一切。面对婚姻问题束手无策,不能只对丈夫指手画脚,还要懂得用爱、用心去维护,去珍惜,去包容。如此,才不会让生活变得乏味和空洞,才能让两个人之间的心理距离越来越近。既然当初是因爱而步入围城,就不要轻易地怀疑自己的选择。

2.长相知，不相疑

> 要知道，对爱人最好的尊重便是信任，信任
> 是一种无坚不摧的武器，可以为你的婚姻大厦打
> 下坚实的基础。放心吧，只要你信任他，那么你
> 的家就牢不可破。
>
> ——卡耐基

曾记得一位女作家说过这样一句话，信任是心灵相通的桥梁，是家庭稳定的纽带，是化恶为善的基石。猜疑像一条蛀虫，吞噬着夫妻双方的信任，时刻威胁着婚姻的幸福。

西方现代人际关系教育的奠基人，美国著名的人际关系学大师——卡耐基。由于他在当时的美国太出名了，对这样的人，社会自然喜欢为他制造花边新闻。如对卡耐基和秘书薇拉的关系，有人就曾经大做文章。

面对风言风语，卡耐基夫人态度坚决地信任自己的老公，她提出和老公的女秘书相处必须记住的五条原则："一、不要猜忌丈夫与女秘书的关系；二、不要嫉妒女秘书的漂亮迷人和工作；三、不要勉强女秘书为自己跑腿；四、绝对不可以傲慢、刻薄和奚落女秘书；五、对女秘书的额外帮忙要表示感谢。"

而卡耐基本人的感情也并未因为年轻漂亮的秘书而发生改变，他继续安心工作，继续撰写他的畅销书，并且始终如一地深爱自己

的夫人。对于此，卡耐基解释道："夫人这么深切地信任我，我怎么可以背叛她呢？"

世上几乎所有的婚姻都会遭遇信任危机，这个时候，你千万别疑神疑鬼，要尽量把自己的心态放松，把它当成是婚姻过程中的一个调味剂或者一个小花絮。面对信任危机，只要你能够用爱心和忍耐去感化对方，那么自然就能够化解矛盾、化解危机。

当然，并不是说所有的猜疑都是无端的，都是错误的。如果有确凿证据证明猜疑是正确的，那么也要保持着维护婚姻的态度，冷静地、坦诚地解决好问题；如果双方的爱已经不存在，感情已然破灭，那么这时就需要好好地谈谈分手的事了。

阿美和悦明是一对很恩爱的夫妻，他们十年的婚姻生活一直很平静，两人从来没有过争吵，很多人都很羡慕他们和睦的家庭，他们自己也觉得很幸福。

可是，再平静的湖水也会有起涟漪的时候。最近，阿美突然特别关心悦明，悦明的一举一动她都要问得清清楚楚。每天，她都会赶在上班之前、下班之后给悦明打电话。如果有一次悦明没有接电话，阿美便会追问一番，直到得到满意的答案。

起初，悦明并没有在意老婆的用意，只想着老婆对自己越来越好了，她的所作所为只不过是在关心自己而已。可是，最后，悦明越是解释得有理有据，阿美越不放心，常常因此心神不宁，悦明问她的时候，她却说没什么，只是一个人在那闷闷不乐，悦明感觉到他们的家庭不像以前那么祥和美满了。

有一天，悦明为了庆祝生意成功，和一个女客户出去喝咖啡，正在这个时候，阿美又给悦明打电话，隐约间听到电话那头有女人的声音，她二话没说就挂了。悦明想着回家再解释吧，可回家之后，阿美已经不在了。

她给悦明留下了一封信。上面写道："悦明，请原谅我就这么走了。我以为我们可以一起到白头的，但是，最近我常做梦，梦到你被别的女人抢跑了……我一直担心，总是心神不宁的，我对我们的幸福提出了质疑，所以，我每天打电话给你就是想要证实你还在。可是……你还是骗了我。咱们的感情就到此结束吧！我选择退出，不会为难你的，即使多么不舍，多么大的痛苦我都会自己承担……"

悦明看着信和签好字的离婚协议，哭笑不得。他到处打电话，却始终没有找到阿美，最后还是从儿子的口中得到了阿美的住处，当悦明找到阿美的时候，不见了她往日灿烂的笑容，脸上的皱纹也多了几条。悦明心疼地抱着阿美这个让他哭笑不得的傻女人。

这个时候，阿美早已哭成了泪人，悦明帮她擦着泪说："你真是让我爱恨不得，什么时候变得爱吃飞醋。她只不过是我们公司的一个客户，我还没有来得及解释，你就挂电话，搞神秘失踪不说，还提出离婚，更可气的是还签上字，弃我于不顾。要不以后我的脸上贴一个标签：有如之夫，非男勿近？"

阿美终于被悦明逗得破涕为笑，吸着鼻子说："以后我再也不会胡乱猜疑了，是我最近太忧虑了，那份协议还算数吗？你签字了吗？"

"傻瓜，我才不会像你一样！"悦明爱怜地对阿美说。

幸福美满的婚姻，恰如一部悦耳动听的交响曲，夫妻间的互相信任，如同其中最华美的乐章，没有信任这个乐章，婚姻这部交响曲就会黯然失色，甚至有可能无法继续演奏下去。

信任是生活的基本态度。同样，在婚姻关系中，首先要信任你们的配偶是忠诚的、是爱自己的。信任，可以让你永远保持清醒的头脑，免受外来因素的干扰与侵袭，同时也充分地保障着婚姻的稳固坚实。试想，夫妻之间如果连最根本的信任都不存在了，还谈得上什么真爱？没有真爱的婚姻又怎么会稳固。信任是基石，宽容是相处之道，猜疑只会损害我们的婚姻。

于娜婚前与丈夫苏磊原本是在同一个单位上班，苏磊跑外勤业务，她是内勤做出纳的。婚后，她辞掉了工作，尤其是生下了儿子后，更是心满意足。一家三口其乐融融，是一个令人羡慕的美满家庭。

但是，在他们儿子8岁的时候，有人偷偷告诉她，她丈夫苏磊下班后经常和新来的秘书张小姐在一起。

有一天，苏磊很晚才回家，于娜满腹猜疑地问他："你到哪里去了？""在工作啊！"苏磊认真地回答。"什么工作？"于娜追问。"拜访客户。"苏磊不耐烦地回答。"和谁一起去的？"于娜继续追问。"难道我做什么事都得向你汇报？"苏磊有点恼怒。

于娜从苏磊那里得不到信息，于是便找了私人侦探暗中调查苏磊的行踪，终于获得了"确切的证据"——几张苏磊与张小姐走在一起的照片。

一天夜里，她晃动着手中的照片说："你看看，多神气！快四十岁的人了，旁边跟着一个刚刚成年的漂亮姑娘。"这时苏磊尴尬万分，急忙解释说："我们一起去找客户对账有什么好大惊小怪的？""那么一起去电影院，也是去对账吗？"于娜问道。"看场电影算什么？你这样偷拍别人的照片是非法的！"苏磊辩解道。

一气之下，于娜跑到苏磊的公司，把照片往经理面前一摊，要求经理把苏磊调到别的分公司去。第二天，经理训了苏磊一顿，便立刻把苏磊和张小姐分别调到不同的分公司去了。

这么一搞，苏磊与张小姐的"绯闻案"一下子尽人皆知，苏磊在公司的形象和升迁都受到严重的影响。受到这种打击后,苏磊每天晚上就把怨气发在于娜身上。于娜以为这一切都是暂时的,等到苏磊接受现实之后就没事了。谁知从那次之后,苏磊与张小姐却偷偷来往得更密切了,最后终于向于娜说出了那可怕的两个字"离婚"。

于娜这下着急了,又哭又闹,到处找苏磊的家人和公司领导告状,要求他们对他和那个介入人家家庭的"第三者"做出严厉的处分,并且迫使他们分开,她积极地想通过这些努力,把苏磊的心拉回自己身边来。可是,随着于娜一次次的告状,夫妻间的裂痕越来越大,苏磊的心越飞越远,一个月后,他真的向法院提出了离婚。

法院经过调查,苏磊与张小姐起先并没有什么越轨行为,确实是因工作关系常常一起出去,但都不是单独在一起,即使是去看电影,也还有其他同事一起去。但是于娜却把事情闹大,也把苏磊与张小姐变成同命鸳鸯,才使他与张小姐关系更进一步地发展下去。

于娜这时才恍然大悟,是她自己的吵闹把丈夫推向了另一个女人,但是现在也追悔莫及,事情到了这种地步,丈夫的心早就属于别人了。

卡耐基的夫人桃乐丝说,如果婚姻中的男女都理解相互信任的重要性,学会不随意对对方起疑心,对对方多一些信任,多给对方一些空间,懂得给对方空间就等于给自己自由,给予别人信任就等于自信和豁达,就会让婚姻得到很好的保护。

不要盘问太多,也不要猜测太多,把怀疑对方、过分紧张对方的时间,用在提升自己身上吧。爱他,就要信任他,给予适当的爱,尊重对方的心灵空间。夫妻之间,哪怕再亲密,也要给对方留一片自留地。换一种角度思维,信任是让爱情永恒的主题。要知道,爱情的牢固,有时候仅仅是因为信任。

3.与其跪着取悦爱情，不如站着取悦自己

> 女人可以输掉感情，可以输掉男人，但一定
> 不可以输掉自己的尊严。爱要靠尊严来维护，智
> 慧女人永远不做情场上的"乞怜者"，而做内心
> 高贵无比的"公主"，这是让你的爱变得无价的
> 重要砝码。
>
> ——卡耐基

张爱玲曾经说过："遇见你我变得很低很低，一直低到尘埃里去，但我的心是欢喜的，并且在那里开出一朵花来。"可是即便是她低到尘埃里，也换不来胡兰成的爱。

生活中，很多为了爱而痴狂的女人都对朋友这样说过，也都为了爱而宁愿委屈自己。但是，最后输的那个人还是委曲求全的女人。因为，女人再多的委曲求全，在男人的眼里都是一文不值的。

苏珊最近恋爱了，与她交往的男友是位带着8岁孩子的离异男士。

为了讨好这位新男友，苏珊不惜担着被领导批评的风险，经常翘班回家去与男友约会。当然，她所谓的约会，绝对不是拉着对方的手在月光下漫步，也并非与男友一起烛光晚餐，而是飞快地先跑回家，煲好鲫鱼汤，用保温瓶装好，转两趟地铁再转一趟公交，给男友送到公司去。如果男友下班，她再转几趟车给送到家里去。顺

道到家里帮男友打扫卫生，洗洗衣服，清理垃圾等。

苏珊纯粹的毫无保留的付出，似乎并没有讨得男友的欢心。原来，男友家里的孩子并不喜欢她，经常与她对抗，有时还用她做的菜汤往她的白裙子上泼。对此，男友并不同情苏珊，而总护着自己的孩子。

交往半年，男友丝毫没有与她结婚的意思。心急如焚的苏珊为了稳住男友一颗摇摆不定的心，可谓是煞费苦心，辞去工作，全心全意为男友服务，使劲地讨好孩子，信誓旦旦地保证一定要把孩子当作自己的孩子。做到仁至义尽，最终，男友终于无刺可挑，勉强答应和她在一起。不过，还附带了一些约束：不许与年轻异性有来往，不许过问他的行踪，不许再与孩子争吵，承担全部的家务。

就连家里的保姆都没有这么苛刻的待遇。朋友都劝她说："不是痴情就能赢得爱情，反而会让人失去自尊！"

苏珊则昂首挺胸地回答："制定这种条款，完全是出于他爱我。我既然爱他，就该不计一切条件，为他付出全部。这样，他就会死心塌地留在我身边了！"

半年之后，同事在超市遇到了苏珊，见她穿着家居服与人剽悍地杀价，面容憔悴。同事唏嘘，爱情真是残酷，把一个青春靓丽的女孩活脱脱变成了一个"大妈"！一年后，苏珊便打电话向朋友求救，她被男友从家里赶出来了，想借朋友的房子过渡一段时间。她的一味妥协和付出不仅没换来男友的爱，男友反而决定与前妻复婚。

朋友听到苏珊的经历，都为她叫屈："那么纯净的一个女孩子，怎么遇到那样的男人！"而一位朋友则说了一句极富哲理的话："你的样子，决定了爱情的样子。一切都是自找的，和遇到什么样的男人毫无关系！"

对于一个女人来说，爱和幸福从来都是靠自尊赢来的，而不是靠丢掉尊严"乞讨"得来的。那些情场上的"乞讨者",总以跪着的姿态向男人乞求爱,无论她怎么付出,也难以换回自己想要的幸福和爱。

我们可以想象:一个女人习惯把爱情当成生活的全部,把一个男人当作自己的整个世界,无条件地依赖男人。等男人想要离开时,她用满是期待和乞求的眼神,等待着这个男人留下来,给她一点温暖和疼爱。这样的女人不自觉地会陷入一种"男人给你幸福,你就幸福;男人不给你幸福,你就不幸福"的被动状态。这样总以低姿态去面对自己的爱情的女人,最终得到的只是伤心和悲哀罢了。

卡耐基的夫人桃乐丝说,女人要记住,卑微的姿态始终换不来你想要的爱情。因为爱情是不相信卑微的,你放弃的尊严越多,失去的爱也就越多。相反,你的心态越高贵,所能获得的爱也就越多。爱情,向来都是一个自珍自爱的游戏,站着微笑着送没缘分的人远去,总好过跪着哀求对方留下来要高大、有魅力得多。

三十岁的她,在海外工作,单身一人。

一次旅行中,她认识他,一个四十岁的单身男人。他是某公司的区域经理,常年在海外工作。当时,她对自己的工作不是很满意,留意到他所在的公司很好,便用心与他接触。旅行中,她帮了他一个小忙,他也记住了她。之后,他们就在网上联系,又相约一起出去旅行了几次。渐渐地,两人关系熟了,她如愿地进了他的公司,并在他下辖的区域工作。

起初,她只是想利用他的关系。可接触多了,她发现他人品很好,周围的人对他评价也不错。就这样,她爱上了他。他对她也不错,知道她对自己的崇拜,工作上也很照顾她。看他的面子,领导、同事也照顾她这个新人。她弟弟出国留学,因为钱不够,他出了一半的学费。

他也有缺点，脾气暴躁。因为工作上的一点小错，他就能把她骂哭。可他又不忌讳别人知道他们的关系，当着同事的面让她下午帮他去办一些私人的事。他很少与她交流感情，唯一的交流方式就是肌肤之亲。她觉得很受伤。因为，她已经把他当成了爱人，工作上帮不到他，可在生活上却极力在照顾他。

她从未直接表达过自己的爱，他也没有。她有点自卑，有男孩追求她的时候，她故意让他看到。可他，并不是那么在意。也许，是因为追求他的女人太多了。她心里明白，也许自己根本就不是他结婚的选择。他聪明沉稳，她迷糊幼稚。他出生于官宦的家庭，她却只是平民之女，他不会选择这样的女人做妻子，他的家庭也不会允许。

她经常会陷入痛苦中。她想：为什么要继续维持这段感情？为什么自己还要深陷其中？每次知道他与其他女人的故事，她都会做噩梦。可是噩梦之后，又要假装什么都不知道，因为他从未给过自己承诺，她怕自己的生气和嫉妒徒增他的烦恼，惹得他厌恶，最后让他们的关系结束得更快。

她把自己的故事告诉一位女作家，问她该怎么办。女作家只回了一段话："我爱得很安静，却从不卑微；我也会走得很干脆，但那不是绝望。作为女人，永远不要爱得卑微，只有把自己当成珍宝，男人才会如此对你。"

后来，她决绝地辞职，离开。她对他说："我爱不起不爱我的人，我的青春也爱不起。我的微笑，我的眼泪，我的青春，只想为我爱的也同样爱我的人挥霍。"

无论爱情还是婚姻，都需要平等和尊重。每个女人都该做心理上的女王，而不是灰姑娘。哪怕你再爱一个人，哪怕他真是高贵的王子，也要保持理智的头脑，保持一份做女人该有的骄傲，不要过分殷勤，也不要急于讨好。爱得不卑不亢，才能赢得男人的爱和尊敬，才能掌握爱情的主动权。

4.相爱容易相守难，且行且珍惜

> 不管多相爱的夫妻，都会有拌嘴的时候，唯有互相宽容，才能和谐相处。不懂得包容和付出，不懂得珍惜，就算幸福摆在眼前，也只能任它从指缝里溜走。
>
> ——卡耐基

有句话说："相爱容易相处难。"从甜蜜浪漫的恋人变成朝夕相处的夫妻，双方如何和谐相处、让爱情"保鲜"？这是许多家庭普遍关注的话题。夫妻之间能否相互理解、相互包容，无疑是家庭和谐的关键所在。

在家庭生活中，有一种感动叫相亲相爱，有一种感动叫相濡以沫，还有一种感动叫理解与包容。家庭犹如行驶在大海中的一帆小船，有时风平浪静，一帆风顺；有时风雨交加，急流暗礁。所以，只有划动理解的桨，挂起包容的帆，夫妻同心协力才能到达幸福的彼岸。

理解和包容在家庭中是一种高贵的品质、崇高的境界，是夫妻双方思想成熟、心灵丰盈的标志；理解和包容是一种仁爱的光芒，是对别人的释怀，也是对自己的善待；理解和包容是一种生存的智慧，是洞悉了社会人生以后，所获得的那份自信和超然。充满理解和包容的家庭，一定是和谐、温馨、幸福的家庭。

如果把恋爱比作风花雪月浪漫小夜曲，那么婚姻就是锅碗瓢盆命运交响曲，演奏着最朴实的乐章，谱写着最平凡的家庭曲调。婚姻中，爱情最终会慢慢地不再被提起，彼此更多的是同甘共苦，相互守候，相互扶持。在家庭中仅仅靠守望爱情的基础是不够的，夫妻双方还要用心去理解和包容，用心去经营和维系。

婚姻的目的是为了组建幸福快乐的家庭。家庭不是一个人的事情，家庭里的夫妻双方都要对婚姻负责。有这样一句妙语："婚姻是唯一没有领导者的联盟，但双方都认为自己是联盟的领导。"试想， 对陌路相逢的男女，要在同一屋檐下风风雨雨几十年，而且又有着各自的个性，和睦相处一生实属不易。

出嫁前一夜，母亲语重心长地对她说："世上没有圆满的婚姻，你要记着他的好，包容他的坏。"

沉浸在幸福与兴奋中的她，嘴上说着知道，其实心里并未真的明白。或许，许多事都如此，他人的教诲只当是一句话，唯有亲身饮下那杯水，才知冷暖，才知咸淡。

日子一天天过去，那份兴奋与激动早已淡化。三年后的某个夜晚，她终于"爆发"了。

劳累了一天的她，回到家里想喝一口热水，却发现饮水机里的水桶早已干涸；坐在沙发上，本想躺下来歇会儿，却看见了他的袜子团成一团在那儿扔着。她说了太多次，脏衣服放进卫生间的脏衣篓，可他像是听不见。凌乱的卧室，凌乱的客厅，凌乱的厨房，凌乱的心……

做晚饭时，她不小心把手切了，鲜血直流。她眼泪止不住地往外冒，一肚子委屈。她索性关了火，把切了一半的菜丢在案板上。她冲洗了一下伤口，到药箱里找药。路过梳妆镜时，瞥见一张憔悴而充满怨气的脸。她觉得，婚姻就是爱情的坟墓。

房间里没开灯，她一个人坐在黑暗中。九点钟，他加班回来，吓了一跳。他打开灯，跟她开了句玩笑，之后又问："晚上吃什么？"说着，往厨房走去。

她面无表情地说："我为什么要做饭？这样的日子我受够了。我想离婚。"

他在厨房里炒菜，喊着："你说什么？我听不见。"

她又重复了一遍。这一次，他听见了。

他走出来，问道："好好的，怎么说这个？"

她冷笑着说："好好的？你觉得好，有人给你洗衣服做饭，有人跟你一起还房贷。可我觉得不好，我累了，不想这么过了。"

第二天，她把离婚协议丢到桌上，让他考虑。之后，她就回了母亲家。

一周之后，他打电话给她，说同意离婚。只是，想跟她一起吃个饭。他的声音有点低沉，能听出些许的伤感和无奈。她以为自己得到这个结果会如释重负，可没想到心里却涌起一阵难过："他就这样不吵不闹地同意了？"

他们相约在一家湘菜馆。几天不见，他瘦了，杂乱的胡茬让下巴看起来略微发青。他拿出那份离婚协议，给了她。她的眼泪在眼眶里打转，从今以后，真的要各自天涯了吗？

"好了，点菜吧！上一天班，这会儿肯定也饿了。"他的语气柔和了许多，眼神仿似恋爱时那般温柔。她对服务员说："一份水煮鱼，一份香辣虾。"这两样菜，是她平时最爱吃的。

他笑着说："能不能给我个机会，点个我喜欢吃的。"

"你不爱吃这个吗？"她觉得很奇怪。

"你忘了,我是上海人。我喜欢吃甜的。在一起这么多年,我一直吃的都是自己不太喜欢的东西。可是,你喜欢,我也就跟着吃了。"他笑着说。

她的心像刀绞一样疼,一种愧疚和自责涌了上来。这些年,她从没有主动问过他喜欢什么,她以为只有自己在付出,可谁曾想到,他竟然每天都在迁就自己。

他说:"离婚之后,这里的东西都归你,我只带走几件衣服。"

她脸上挂着眼泪,问:"你要去哪儿?"真的要告别了,她再也控制不住自己。她只想着,离婚后自己要怎么过,却从未想过他要怎么过。

"我想回上海。我的父母年岁大了,身边也没人照顾。每次与你全家一起吃饭的时候,我都很想念我的父母。只是,你喜欢这个城市,你的家在这里,我才留下来。你以后自己过,肯定辛苦,所以我把这里的一切都留给你,房贷还有一部分,我会继续还。"他不像是要离婚,更像是要远行。

她心里很自责,也很不舍。这个与她从相恋到结婚一起走过六年的男人,一直忍受着各种不愉快,包容着各种不完美,在离婚时还在替她着想。她为自己的言行感到愧疚,她说:"你为什么不早点告诉我?"

"唉,我不想让你操心,也不想让你改变什么。"

"你……可以不走吗?"她哭着说。

最后,他们牵手从餐厅走出。此时,她忽然想起母亲当年说的那番话:记着他的好,包容他的坏。回家的路上,她想到那个有点脏、有点乱的家,没有了厌烦,有的只是温暖和思念。

卡耐基夫人桃乐丝认为,爱其实就是理解和包容。真爱一个人,首先要懂得他和理解他,除了要爱他的优点之外,最重要的就是接受和包容他的缺点，这样的爱才是真爱，这样懂得爱才能经受岁月和生活的重重考验。

那是一个下雨天，爱琳忘记了带伞，当她提着长裙跳过一个又一个水坑的时候，一辆黑色的小车突然在她身边停下，车窗摇下来的时候，她看见了一张熟悉又陌生的脸，是翔宇。

翔宇是爱琳的前夫，两人是在两年前结的婚，一年前离的婚，曾经的海誓山盟迅速湮没在频繁的争吵中，一切快得让爱琳恍然如梦。

"上来吧，还淋着雨干什么。"看到发呆的爱琳，翔宇说。

爱琳上了车，坐在翔宇旁边，有恍如隔世的感觉。曾几何时，她和他一起去兜风，半夜了还去很远的夜市里吃烧烤，节假日去郊外玩。那个时候，她就是这样坐在他的身边，两个人都有满满的幸福，他们以为可以这样一起到老的，可是……

"想什么呢？"爱琳的思绪被翔宇打断。

"我在想，为什么我们是这样的结局。"爱琳坦言。

"是因为我们太年轻，不知道怎样才能经营好我们的生活。"沉默了良久，翔宇说。

"是啊，那个时候我们总为了一件本可忽略的小事而争吵，我总骂你太懒，还有进屋不换鞋的毛病，现在想想，男人多多少少都有这样的毛病。"爱琳说。

"呵呵，那时我总觉得你怎么就那么苛刻，而且还那么娇气，连个煤气罐都要让我换。可是，后来有一天，我路过我们家门口，我在车里看见你费尽力气挪动煤气罐的样子，我的心忽然间就疼了。原来这些本该就是男人干的活，我本想下车帮你，但是我没有勇气，为什么不再找个人帮你呢？"

"找个人？我们不相爱吗？可是我们的爱情还是在婚姻里触礁，

找一个人还是这样，每天为了一些小事而争吵，互不相让，又何必呢？"爱琳苦笑了一下。

翔宇也沉默了。是啊，他们的爱情也曾轰轰烈烈过，可是最后呢？还是走向末路。他们不再说话，车子里放着周惠的那首《相遇太早》。

"当我们再度相识微笑，成熟的心有一点苍老，许多的伤痛都已经忘掉，记忆里剩下的全都是美好，你我都找到新的依靠，过去对错已不再重要，只是我们都清楚地知道，心里还有个画不完的句号，只怪你和我相爱得太早，对于幸福又了解得太少，于是自私让爱变成煎熬，付出了所有去让彼此想逃跑。"听着这样应景的歌词，爱琳的眼角湿湿的。

"愿意再给我们一次幸福的机会吗？"翔宇忽然问道。爱琳不知所措。

"我保证我现在能给你不一样的爱，我已经成熟了许多，我会经营好我们的婚姻的。"翔宇继续说道。

"我也会包容你那些小毛病，吵架的时候我会当我们和平的使者。"爱琳被翔宇诚挚的话语感染，也情不自禁地说道。

听到爱琳的话，翔宇开心地握住了爱琳的手。他们都相信，他们会珍惜重新拾回的幸福。

海纳百川，有容乃大。所以理解和包容是一种素养，是一种姿态，是一种境界，更是一种美德。而这种美德绝不是与生俱来，必须靠长期真诚相处修炼得来。用理解和包容面对生活、面对人生，才会使自己拥有一个平静从容的心态，才能使自己活得更轻松、更洒脱。理解和包容别人，其实就是理解和包容我们自己，多一点对别人的理解和包容，我们的生命就会多一点自由空间。

家庭中的幸福，其实就是一种甜蜜爱情的延续，是由婚姻中的理解和包容堆积而成的，是由真情实意串起的珍贵记忆。因此，这种理解和包容，都会珍藏在我们的心里，如同花粉存放在蜂房里一样，有朝一日会酿出甜蜜。理解和包容有着夫妻间心与心纯洁的承诺，家庭中有了理解和包容，便会有很多让你感动的美好回忆。学会理解和包容，会让你的心态更平和，心情更轻松，心胸更宽阔，人生更美丽。

5.谁家烟囱不冒烟，何必让家变成战场

> 争吵是很容易的。只要你看不顺眼对方的言行，或者认为自己的权益受到了侵犯，马上就可以升级为争吵。但事实上，争吵只会增加两个人之间的怨恨，而无法解决任何问题，因为人在情绪失控的时候，很容易说出言不由衷的话语，说者无心，听者有意，万一你的某句话伤害了对方，势必会为你们的感情蒙上阴影。
>
> ——卡耐基

人们常常为了弄清楚一个是非对错，而不得不与他人争吵，目的只是为了证明自己的观点是正确的。但是在两个人的关系里，争吵是一剂毒药，它会影响两个人的感情，会让两个都想立于不败之地的人，最后双双倒在恶毒的谩骂里。无论关系多么甜蜜的伴侣，如果他们之间三天一小吵，五天一大吵，最后的结果

肯定是两败俱伤。

卡耐基说，许多做妻子的，实际上是连续不断地一次又一次地在泥地挖掘，最终完成了一座婚姻的坟墓。所以，要保持家庭的美满、快乐，第一项规则就是：切莫喋喋不休地吵闹。

苏菲与韩磊吵架了，吵架的原因不值一提，无非是争论到底由谁来做饭。争论很快便上升到吵架的程度，一生气苏菲便回了娘家。

走进家门，正赶上母亲一个人在包饺子，而父亲优哉游哉地坐在沙发上跷着二郎腿跟着电视里哼京戏。没等父母开口，苏菲就黑着一张脸说："爸，有你这样的吗？我妈一个人又是擀面皮，又是包饺子，你就不会帮点忙呀？"想起家中那个懒男人，苏菲就来气，所以话想也没想就出了口，根本没管对方是父亲。

父亲只是笑。母亲把苏菲叫进厨房，问："怎么，你们又闹别扭了？"她低声说："没有。"母亲说："看你那张脸，脸上都写着呢！"

苏菲说："哼！气死我了，为什么他上班我也上班，家务却要我做？下了班，我要做饭给他吃，买米买菜也要我想着，这也罢，周末总该帮个忙吧，嘿！他看电视上了瘾，居然拉都拉不动，光等着我去伺候。"

母亲便笑："他不做，你就做呗，这有什么呀？"她没好气地说："我可不像你那么老实，我爸一天到晚看电视唱京戏，光等着吃，让你自己在厨房做这么费事的饭，要是我，我就不干，非把他拉到厨房来不可！"

母亲微笑着说："虽然他没做饭，但是也有很多事情是他做的呀。比如说，交水费电费、跑银行等跑腿的事，我不喜欢做，你爸爸就全做了。做这些事时，他也没怨言，他喜欢听京剧不愿来做饭，我就自己做呗，干吗非要拉着他，惹他不高兴呢？"

苏菲低着头，母亲接着说："你想想他的好，别一点小事儿就斤斤计较，其实人这一辈子，跟谁在一起的时候最多呢？跟父母不过20多年，跟孩子也是20多年，还不就是和自己的爱人一起相处的时间最久？所以，无论如何，一定要好好疼他。你疼他，他就疼你，你为他着想，他就为你着想，这都是相互的。"

听着母亲絮絮叨叨的话语，韩磊的好突然一下子都闯到她的心里。她写作，偶尔没了灵感，夏日的傍晚韩磊就会开车带她去野外兜风，甚至雪夜里他也会陪她出去散步。怀孕时，她只说了一句想吃鸡蛋羹，韩磊不会做，便打电话问同事，现学现做，一碗不成功，马上又接着做第二碗。

苏菲越想越坐不住了，扭头就往外走。母亲说："吃了饺子再走哇！"苏菲一边关门一边说："不行，今天是他的生日，我得回去给他做面条。"

苏菲回到家，刚打开门，韩磊就拉她来到厨房。满满一桌，都是她爱吃的菜。

苏菲一边掉眼泪一边说："对不起，以后，我一定好好疼你。"

韩磊搂着她的肩，在她耳边轻声说道："是我们彼此，好好疼。"

俗话说："谁家的烟囱都冒烟。"再恩爱的夫妻，相互间也难免发生争吵。夫妻出现争吵本无可厚非，最重要的是要把握好度，不要让感情间隙日益加深。让争吵成为加深夫妻感情的催化剂，幸福就可以自动"续期"。

卡耐基夫人桃乐丝认为，生活就像是做菜，在搅拌中进行，搅拌得越均匀，做出来的菜越可口，婚姻更是如此。

中国民间还流传着这样的说法，不吵架不叫夫妻。也就是说，正常的夫妻生活正是在磕磕绊绊中走过的。

世界上没有不吵架的夫妻。每个人都不希望吵架是婚姻的必须，然而，吵架的确成了婚姻当中不可避免的问题。既然每一对夫妻都是要吵架的，那么我们就应该在婚前或者婚姻当中，明确、客观地看待婚姻中的吵架问题。

其实，吵架不是问题，不吵架的婚姻有可能才是真正危险的。相敬如宾固然是好的，但那只能是小说里的故事，没有摩擦的生活是虚幻的，也是难以想象的。所以，如何把架越吵越亲，越吵越甜，这就是一种生活艺术。

她和丈夫是在争吵中认识的。那天，她在拥挤的人群中被人狠狠地踩了一脚。于是，她忍不住骂了他一句。可没想到他还蛮不讲理地说是她挤他，所以他才会不小心踩到她。女孩简直被他气疯了，于是就狠狠地跟他大吵了一场。

她是一个向来容易流泪的女孩子，所以跟他吵了一会儿，她的眼泪就止不住地往下流。他本来挺凶的，可看到她流泪的时候，竟然一下子就变得温和了。于是，他不停地向她道歉，而她也很快就原谅了他。

在接下来的日子里，他经常找借口去找她。很快，他们就成了很熟悉的朋友。然后，在不知不觉中，他们恋爱了。对于女孩来说，恋爱的日子是甜蜜而忧伤的。因为，他们两个人的性格都比较暴躁，经常会因为一些小事而争吵。本来，女孩也想过无数次要离开他。但是，他真的很爱她，也很疼她，而女孩也确实很在乎他，她也不舍得让他伤心。所以，他们虽然争吵，虽然总是吓唬对方说要分手，但始终都没有离开过对方。

经过反反复复地思考之后，他们还是义无反顾地走进了婚姻登记处。就在等着拿结婚证的时候，他们因为话不投机又狠狠地吵了一架。拿了结婚证之后，他们都没有表现出异常的兴奋，也没有把它当回事，就更别说庆贺了。女孩当时真有点淡淡的哀伤。因为，她想象中的爱情和婚姻可绝不是这个样子的，可为什么会这样？女孩再一次流下了伤感的眼泪。

婚后的日子依然争吵不断，为此，他们都非常痛苦，也曾经一度后悔当初的选择。曾几何时，他们也吵着要离婚，可是，到底还是舍不得对方的爱，所以都没有付诸行动。于是，他们就在争争吵吵中过了几年。

那年，他把他妈妈接到了他们家一起过。婆婆是一个典型的农村妇女，在她的观念中，女人既然已经做了他们家的媳妇，就应该顺从丈夫，孝敬婆婆。可她历来是一个非常独立的人，所以她怎么也不能说服自己就那么服服帖帖地做一个好妻子、好媳妇。于是，他们之间的争吵更多了。以前，虽然他们也一样争吵，可每次当她忍不住掉眼泪的时候，他总会耐着性子向她道歉，而且还不断地哄她。这也是她一直不舍离开他的原因。而自从婆婆来了之后，他竟然不再理会她的哭泣，即使她哭得昏天暗地，寻死觅活，他也不理不睬。她彻底失望了。

一次，她听到婆婆在别人面前数落自己的不是，说她不懂得体贴丈夫，老跟丈夫吵架，在婆婆面前也不知道让着丈夫，完全不把她这个婆婆放在眼里。她非常伤心，所以在以后好长的一段时间里，她都有意地回避着他们。她知道自己的性格比较暴躁，动不动就会骂人。所以，她选择了逃避。她不再像以前一样跟婆婆说笑，也不再主动跟丈夫搭话。有时迫不得已要跟他说话，也总是冷言冷语。她很痛苦。这不是她想要的婚姻，也不是她想过的生活。无奈之下，她又一次想到了离婚。虽然以前她也常说要跟他离婚，但那时似乎都是可离可不离的，但这次她的态度却非常坚决。她想，自己再也不能承受这种争吵式的婚姻了。

刚开始的时候，他以为她还是像从前一样，只不过是说说而已。所以，他也没有太在乎。等她把自己的东西搬回单位宿舍之后，他却非常着急。他竟放下了所有的架子，天天跑到单位向她赔礼道歉。他说他应该好好疼她的，而不是天天跟她吵架，他说他很后悔自己以前的做法，并保证今后一定好好待她。其实，她也知道，每次吵架几乎都是因她而起，她也在不断地自责，可很多时候就是管不住自己。她认为，他如果真的爱她，他就会理解她的。

当然，以前只有他们两个人的时候，争吵根本就不会给他们留下什么伤痕。即使她觉得很委屈，只要他轻轻安慰一句，她就会加倍地爱他。而自从婆婆到来以后，事情就没那么容易解决了。他总是碍于婆婆的眼色，而不敢主动跟她和解，对她也总是爱理不理的，和以前判若两人。她心想，他也许不再爱自己了？和一个不再爱自己的人生活在一起，还有什么意思？终于，她很坚定地下了离婚的决心。

让她没有想到的是，他竟然还如此深爱着她。他看着她的眼睛幽幽地说："你明知道我离不开你，为什么还要这样？"看着他那真诚的眼神，她再一次动摇了。于是，她又回到了那个家。

他们的争吵依然不断，只不过不同的是，他再也不会像以前一样不顾她的哭泣，每次看到她眼中有泪的时候，他都会主动地向她赔礼道歉，而她也很快就会主动地向他承认自己的错误。于是，他们的爱又更深了一层。

是的，他们常常会因为一点小事而争吵，但是，争吵过后不但不会冷落对方，还会觉得对方才是最爱自己和自己最爱的人。

每次争吵过后，他们感受更深的是爱情的甜蜜。有人问他们，整天争吵，为什么感情还如此的好？她说，也许，是因为我们是命中注定的爱人吧！

恋爱或者婚姻，应该是双赢关系。一段感情的开始或者结束，要么全赢,要么全输。所以,女人更要懂得,在感情里,千万不要做那个怒气冲冲找恋人或者丈夫缺点的女人,也不要过于自我,更不要两个人之间有了意见上的分歧,就急不可耐地将这种分歧当成争吵的理由。

争吵是很容易的,只要你看不顺眼对方的言行,或者认为自己的权益受到了侵犯,马上就可以升级为争吵。但事实上,争吵只会增加两个人之间的怨恨,而无法解决任何问题。因为人在情绪失控的时候,很容易说出言不由衷的话语。说者无心,听者有意。万一你的某句话伤害了对方,势必会为你们的感情蒙上阴影。

做个智慧的女人,就要学会避免争吵。要避免让争吵这样的毒药,慢慢地侵蚀你们之间的感情。既然不管如何争吵都无法解决问题,那何不坐下来心平气和地说说自己的想法呢?在两个人的感情世界里,即便你争赢了又能怎么样呢?争吵总是很伤神的,哭过闹过之后,无论输赢都只剩下身心疲惫,除了那一片狼藉的情感,又能得到什么呢?

6.耐得住寂寞,不因诱惑而迷失

> 不可否认,诱惑有着吸引人的外表,有着无
> 与伦比的"魅力",让多少女人见了心动,无法
> 冷静地拒绝,甚至不顾一切地铤而走险。结果,
> 弄得自己遍体鳞伤,失去了原有的美好和幸福。
>
> ——卡耐基

叶倾城曾经写下过这样的文字:"她不诱惑,也不受诱惑,如她在人生的盛宴里,不醉,也不劝人醉。她知道生命的甘味,在于浅尝辄止。而令来自花朵的啤酒,结出最丑陋剧毒果实的,是无尽的贪杯。"这番话,无疑是给现代女人的最好忠告。

新鲜、刺激、温暖、美好,总是能让女人情不自禁地心动,难以冷静地说"不"。诱惑有着一件美丽的外衣,散发着独特的魅力,可那终究是一株开在心底的罂粟,色泽艳美,花香诱人,一旦碰触了,往前是万劫不复的悬崖,退后也已无法再回到最初。

上帝在东方造了一个伊甸园,并给里面配上了许多种活物。园中央有两棵树:生命树与智慧树。上帝又造了亚当,让他去园中,告诉他说,除生命树和智慧树上的果子外,其他果子他都能吃。上帝派所有动物到亚当那里,亚当就给所有动物取名。之后,上帝就让亚当好好睡一觉。亚当睡着的时候,上帝取下他的一根肋骨,用这根骨头造了女人。这样,亚当就不会孤单了。亚当和女人光着身体,很幸福地生活在伊甸园里,与上帝和谐相处。

可是,所有动物中最邪恶的是蛇,蛇问那女人,问她可否能吃任何想吃的果子。"那当然,"女人答道,"除了智慧树与生命树上的果子,我们想吃什么果子就吃什么果子。但生命树和智慧树上的果子,我们吃了便会死掉。"

"才不会哩,"蛇说,"如果你们吃智慧树上的果子,就会发现善恶有别,而你们吃了生命树上的果子,就会跟上帝一样永远活下去了。上帝就是因为这个理由而不让你们吃智慧树与生命树上的果子的。"

女人带着渴求看着智慧树,被那水灵灵的果子诱惑得受不了,因为那果子会使她聪明。最后,她再也忍受不了,就摘下一枚果子吃了。之后，她再摘一枚递给亚当，亚当也吃了。之后，他们彼此对望，意识到自己是裸体，也明白男女身体有别，就有了羞耻之意。他们急忙摘下一些无花果叶盖住身体。

天黑下来，有了凉意，他们听到上帝的声音。上帝来到了园中，他们就藏了起来，上帝看不见他们两个。上帝喊亚当，问他在何处，为何藏起身来。他说："我在园中听见你的声音，我就害怕，因为我赤身裸体。"

上帝说："谁告诉你是赤身裸体的呢？莫非你吃了我吩咐你不可吃的那树上的果子了么？"

亚当说："你所赐给我，与我一起生活的女人，她把那树上的果子给我，我就吃了。"

"是的，"女人答道，"可是，诱惑和欺骗我的是那条蛇。"

于是，上帝对蛇下了诅咒，并把亚当和女人赶出伊甸园，说："既然你们已经知道了善恶，那就必须离开伊甸园了。如果你们留下来，那你们可能会去吃生命之树上的果子，那你们就会永远活下去了。这样的事情是我所不能允许的。"上帝就把他们赶到尘世里，从今往后，亚当必须终身劳苦才能活下去，女人必受分娩之苦。在伊甸园的东边，上帝派一个天使驻扎在那里，手拿冒火的宝剑，守住了伊甸园的入口，保卫着生命之树。上帝把亚当和那女人赶出伊甸园之后，亚当给他妻子起名叫夏娃，因为她是众生之母。

这是传说中人类的祖先亚当和夏娃的故事。从这个故事可以看出，女人是更容易受到诱惑的，女人心更加柔弱，不然那万恶的蛇，为何偏偏挑夏娃来教唆呢？夏娃偷吃禁果，是因为抵不住内心的欲望。欲望是很可怕的东西，几乎无法阻挡。

诱惑如影随形，大千世界，每一处都暗藏着诱惑与毁灭。想要保持身心的纯洁,并不是一件容易的事。这需要一颗淡定的心、一个清醒的头脑,能够坦然面对世间的事物,放弃眼前的私利,认清潜在的危险,不让眼睛被物质生活完全蒙蔽,不让心灵布满灰尘。

面对诱惑,虽然不能避开,可至少要懂得拒绝。面临选择的时候,应该明白哪些东西才是最珍贵的,若什么都不肯放弃,到头来一切成空。要抵得住诱惑,就要时常修剪内心的欲望,做一个心淡如菊的女人。

与男友相恋七年了,在外人眼里,他们之间只差一纸证书。只是,跑了这么久的马拉松,彼此之间熟悉得像左右手,难免会有一丝厌倦。七年之痒,也不仅仅是围城内才有的事。

男友是防腐工程师,经常在外地做项目,一走就是三四个月。最初,他们还抱着"小别胜新婚"的想法,每次男友回来,两人都如胶似漆,珍惜每分每秒的相聚。两人聚少离多,就这样过了几年。渐渐地,她发现自己的耐心越来越少,也很难依靠着回忆和憧憬度日,想哭的时候没人安慰,想说话的时候没人倾听,除了寂寞还是寂寞。她不再数着日子过活,不再有期盼,只是感慨,时间流逝。

又到了情人节,男友依然不能陪在她身边。在她的印象里,生日、情人节、圣诞节、恋爱纪念日,他们总是分隔两地。她走进了附近的一家酒吧,在朦胧的光影中,望着形形色色的人,心中的寂寞更多了一分。

她的面前突然出现一杯酒,抬起头,是调酒男孩儿清新的笑。他说:"看你挺孤单,请你喝一杯。"简单的一句话,普通的一杯酒,她竟被深深地打动。望着男孩儿清澈的眼,她说:"情人节还上班,女朋友不怪你吗?"

他笑了："我没有女朋友。有女朋友的同事调休了,我来替班。"

他的阳光,他的清新,他送的酒,感染了她,让她觉得快乐。自那以后,她成了这间酒吧里的常客,并逐渐了解了男孩儿的上班时间,只在他上班的时候光顾。她总是坐在吧台喝酒,看着男孩调酒,待他不忙时,和他聊上几句。

不知为何,她没有向男孩坦白自己的感情,男孩也没多问。他觉得,留一份神秘感,会更有吸引力。彼此接触了一段时间后,他们走到了一起。那时的她,依然没有和出差的男友分手,而男友对此也毫无察觉。

在与男孩的交往中,她找回了曾经的激情澎湃。男孩儿比她小三岁,热衷于新鲜的事物,和他在一起,她觉得自己也变得年轻了。可是,生活总是多面的,享受新鲜刺激的同时,她也发现了男孩的不成熟。

每次她身体不舒服时,男友总是打电话嘘寒问暖,叮咛嘱咐。近在咫尺的男孩,却连一句问候都没有,只顾着跟他的朋友们在一起。她情绪低落时,男友会寄来一些礼物安慰她,而男孩却总说她胡思乱想。最初的新鲜感退却了,剩下的只有冰冷。她心里,若有所失。

她生日的时候,男友专程从外地赶回来,拿出一枚早已准备好的钻戒,向她求婚。他说:"对不起,让你等了这么多年。我知道,我一直忙着工作,很少陪你,可我会尽自己最大的能力,给你最好的生活和关心。"

她哭了,哭得一塌糊涂。男友以为她只是感动,可她心里清楚,她带着一丝愧疚,还有一丝悔意。她跟男孩在一起,不是建立在彼此了解和付出的基础上,她只是被他的年轻活力,还有重拾爱情的感觉诱惑了,根本不是爱情。可她不怪男孩,因为他没有错,是她踏出这一步的,是她没能耐得住寂寞,败给了自己的心。

终于，她和男孩彻底分开。不久之后，她结婚了。婚后的日子，与过去没什么两样，他忙着到各地出差，她守候着小家。她知道，无论他走到什么地方，无论要等待多久，她都会心平气和，不受诱惑。

卡耐基的夫人桃乐丝说，女人，也该做一株耐得住寂寞的香菇草。不管是面对金钱，还是面对感情，都要保持一颗强大的心，做到不贪恋、不苛求，守住内心的底线。

诱惑是一种慢性毒药，只是外表包上了美好的糖衣，才让人无法自拔。幸福的女人不是从没有遇到过诱惑，而是她们懂得让自己远离诱惑，个被那些鲜艳的外表迷惑，不去触碰罢了。只有懂得拒绝诱惑的女人，心灵才会纯洁而高远，生命才会丰盈而美丽。

7.与子偕老，平淡岁月里默然相守

女人感性，爱追求浪漫本不为过，但是一味地追求，甚至不珍惜眼前的幸福，那么，她的结局就可能是悲剧。

——卡耐基

如果玩具是孩子心中的天堂，那么婚姻就是女人心中的童话。

她们渴望轰轰烈烈、惊天动地、浪漫不俗的婚姻，可实际上却是柴米油盐，平淡如水，清汤寡味。

爱情，总是来得让人措手不及。许昕然没想到，一次偶然的旅行，竟遇见了让自己魂牵梦萦的男人。

许昕然沉醉在爱里，不愿再醒来。她痴迷于他温柔的双眸，喜欢被他牵着，走在灯火阑珊的街头。她有过怀疑，幸福来得是不是太突然？可就算突然，就算只是昙花一现，她也心甘情愿被淹没。

很快，他们结婚了。很快，许昕然的幸福感消散了。原来，生活是那么平淡，怪不得偶像剧和爱情剧里，总是演到女主角穿上婚纱就告一段落。就像此时的他们，为了一点芝麻大的小事也会争吵；彼此间缺乏了解，经常各执一词；谁也不肯退让，闹得全家不得安宁。冷战的日子，只有眼泪和孤独，还有一丝悔恨。

许昕然向闺密倾诉。起初，闺密会劝和，再后来，就只淡淡地说："若真的无法继续了，那就放手吧！""放得下吗？"许昕然问自己。她内心还是有太多的不舍。

昏暗的酒吧里，许昕然瘦弱的身躯，惹得闺密一阵爱怜。她想安慰，却不知道如何开口。此时，酒吧里播放着《罗密欧与朱丽叶》的曲子，和谐而至真的深情，延绵如流水。闺密说起了一个故事：

"意大利的维洛纳有一个小镇，那里有一栋平常的两层小楼，上面有一个普通的阳台，阳台上有一扇毫不起眼的门，旁边有一个常见的中庭，可那里经常挤满了人。人们总要在阳台上摄影留念，年轻的恋人还在门上写下山盟海誓。因为，那是莎士比亚笔下经典爱情故事的女主角朱丽叶的家。

"每个相爱的人都希望拥有美好的归宿，希望像罗密欧与朱丽叶一样，爱得炽热、纯粹和彻底。可是，如果罗密欧与朱丽叶没有殉情，他们最后做了一对平凡的夫妻，那么也逃不过柴米油盐、生儿育女，一切也就变得寻常了。爱不只有轰轰烈烈，还有责任和付出，还有在失去浪漫之后，一如既往地珍惜。"

许昕然凝望着杯中的酒，心中的苦瞬间融化了。她轻拭眼泪，莞尔一笑，对闺密说："谢谢你。"

再次相逢，也是两个月之后。许昕然挽着丈夫的手，两个人的脸上洋溢着幸福。相较之前，许昕然眉宇间多了一份释然和从容。她知道，那是尘埃落定之后的彻悟。

有人曾说："真正的爱情，不是电视剧演得那般抵死缠绵，不是言情小说里写得那般一掷千金，它只是很平淡地存在于我们的生活中，熬得住平淡的人才守得住爱情。"

也有人说："爱情如果不落实到穿衣、吃饭、数钱、睡觉这些实实在在的生活里，是不容易天长地久的。"

可见，深谙婚姻与生活的男女都懂得，婚姻生活就是柴米油盐，平淡地度过每一天。只是，在平淡的生活背后，一丝细心的关怀，一次体贴的搀扶，却是任何甜言蜜语和山盟海誓都无法替代的真情。爱，不只是用口说的。

晚饭的时候，王楠坐在餐桌前没好气地对苏建说："你知道今天是什么日子吗？"

突然的发问，让苏建有些措手不及，想了半天也没说出答案。

"今天是七夕，中国的情人节，亏你还读了那么多年的书。"王楠埋怨道。

苏建翻了下日历，然后笑着说："果真如此，可那又怎么样呢？"

"我们同事小李，今天收到了一大捧玫瑰花，她男朋友送的。"

王楠羡慕地说，"据说一共有99朵玫瑰花，表示天长地久的意思，多浪漫啊！"

苏建没说什么，笑了笑。

"还有阿兰，据说前几天被求婚了，一想到这个我就生气！"王楠气冲冲地说。

"人家被求婚你生什么气？"苏建不解地问。

"人家去的是摩天大厦最顶层的豪华餐厅，开始阿兰并不知道男友要向她求婚，直到服务员把求婚蛋糕送了上来，整个餐厅也同时响起了浪漫的音乐，她未婚夫这才跪在她的面前，掏出了戒指。听说这个惊喜让阿兰流了很久的眼泪。"

"这不是很好的事吗？你干吗要生气？"这下子苏建更不明白了。

王楠白了苏建一眼，没好气地说："你想想你当年向我求婚时去的哪儿？我单位楼下的面馆。一起在面馆吃过晚饭，就随随便便说了句'咱结婚吧'，当时我也是年幼无知竟然答应了你。可现在想一想，当时连个戒指都没有，我可真是亏了啊！"

苏建听了她的话，不禁哈哈大笑。

王楠已经习惯了苏建的这种"无赖"，也没心情再去和他计较什么，总之在她心里已经认定，自己这辈子也不可能有机会享受这种浪漫的幸福了。

王楠每周三都会去舞馆学习拉丁舞，为的只是让自己身材更好一些。这一天晚上下课时，突然下起了雨，而王楠却没有带雨具。她站在舞馆门口犹豫了很久，正准备打电话向苏建求援，却在滂沱的大雨中看到了苏建的身影。

"你怎么想到来接我？"王楠好奇地问。

"你没看下雨了嘛？"苏建一本正经地说。

"那你又怎么知道我没带伞？"

"你平时总是粗心大意的，一个三天两头出门都会忘记带钥匙的人，会想到出门带伞？我们在一起十几年了，还有谁比我更了解你呀！"说着，苏建把她揽到臂弯里。

王楠的心里顿时涌起一种莫名的温暖。

回到家之后，王楠发现厨房的锅里似乎在煮着什么。

"我给你煮了黄豆芝麻粥，一会儿洗完澡喝一碗吧。"苏建温柔地说。

"为什么要给我煮这个？"

"你平时嘴馋，可又要减肥，回家来总是不吃东西。这样对身体不好，于是我查了一下食谱，说这个粥能达到美容瘦身的功效，而且营养也很充足。所以你喝一点没关系，既不会发胖，对身体也有好处。"

王楠被苏建的话感动了，心里有一种酸酸的感觉。

"你平时都不会做饭，这个粥你是怎么煮熟的？"

"笨蛋，不是有食谱吗？再说，给你煮东西吃，再难我也能学会！"

苏建顽皮的样子，简直像个大孩子。可王楠却沉默了许久，她第一次觉得自己的苏建竟然那么可爱，她也是第一次觉得自己原来是那么幸福。

她喝了一碗粥，坐在沙发上静静地回味着。

是的，被平淡的生活包围着，一些平凡的爱意，总被渴望激情浪漫的心灵忽略。爱从来没有固定的模式，花朵、浪漫，不过是浮杂生活表面上的点缀，它们下面的平淡，才是最真实的生活，才是女人真正的幸福。

真正的爱，是寂寞岁月中的相依相伴，是跌倒时的相互搀扶，是回首时不温不火的慢慢诉说。当你看到一对互搀的老人在夕阳下漫步，一定都能闻到"执子之手，与子偕老"的幸福味道。

　　世事纷繁，相比大千世界、芸芸众生，我们不过是沧海一粟，如小草之于烂漫的春天，小溪之于辽阔的海洋，白云之于无垠的蓝天……这世上惊世骇俗者寥若晨星，多数人都难逃平凡的宿命。既然如此，为何不让自己享受这种平淡的日子，在平淡的婚姻中弹拨出亘古不变的幸福曲调，演绎出生命的从容和本真呢？

第七章

家有贤妻，
家和万事兴

1.家如棉被，温暖而幸福

> 家是男人和女人的避风港和加油站，如果家庭没有温馨的感觉，那么再激情的男人也会有一天变得厌倦，感到生活的无聊。所以，女人一定要营造一个温馨的家，让自己的丈夫感觉到家的温馨，让他留恋不已。
>
> ——卡耐基

男人与女人共同建立的避风港和加油站就是"家"，家是一个能够让身心最为放松的地方，如果没有一个幸福的家庭，再完美的爱情也不过是虚幻。即便是温柔的人也会因为没有一个安全的避风港而变得暴躁不安，再贤惠的人也会骄纵放任。因此，你应该懂得为爱人创造一个充满温馨、安全和舒适的爱的鸟巢，即便是在外飞得累了，能有一个避风遮雨的地方。有句话说："爱与被爱都不如相爱。"当男人和女人彼此深深地爱着对方时，天使就会从天堂下来，坐在那家人家里，唱起欢乐之歌。

有一对夫妻，他们年轻的时候，家里很穷，唯一的奢侈品就是一台十四寸的黑白电视机。虽然日子过得清贫，但是两人过得很闲适。丈夫喜欢看球赛，妻子喜欢看电视剧。妻子看电视剧的时候，丈夫会在一边看书；而丈夫看球赛的时候，妻子会在一旁织毛衣。

有一年世界杯，电视机忽然坏了，电视里面的图像看不清晰，声音也是"滋滋"的。平时温和的丈夫心急如焚,他拼命地拍打电视机,妻子看不下去了,她放下手中的毛衣,把天线拨来拨去,可是全无效果。试了好几次后,电视突然出现画面,声音也好了起来,妻子脸上满是笑容。丈夫朝妻子竖起了大拇指。可是妻子刚离开,画面又恢复原样,等她回到原地后,图像又清晰了。丈夫高兴地看着电视,完全没有注意妻子一直站在天线那儿。

比赛结束了,丈夫满意地起身,他看向妻子,却发现妻子正在打瞌睡,他把妻子叫醒,妻子手中的天线落了下来,电视又"滋滋"作响,画面也变得不清。丈夫见妻子如此,心中满是温馨和感动。后来,他们把家迁到了市区,丈夫特意买了台大电视。而那台十四寸的黑白电视机,他们一直没有舍得扔掉。

卡耐基的夫人桃乐丝说,一个聪明的女人,她必定是一个好妻子,她最擅长的就是营造家的氛围,为家庭带来温馨、安全的感觉,时刻为家人着想,让家庭成为家人的港湾。

在波特兰奥瑞冈机场等着接一个朋友时,只因无意中偷听到其他人的对话,我竟碰上了一个足以改变生命的经历,事情发生在离我仅仅只有两尺远的地方。

我极目眺望,想从空桥走出的旅客中找到我的朋友,却注意到一个男人带着两个轻便的袋子向我走来,停在我身旁迎接他的家人。

他放下袋子后先往他最小的儿子(可能是6岁)那里移去,并给了对方一个长长的拥抱。放开时两人互望着对方,我听到这位父亲说:"能见到你实在太好了,儿子,我实在好想你。"他儿子笑得羞涩,眼神有点闪躲,只是轻轻地回答:"我也是,爸爸!"

然后男子站直,注视着大儿子(也许十岁),然后把儿子的脸捧在手上说道："你已经是个年轻小伙子啦！我真爱你，柴克！"他也给了对方一个温暖又温柔的拥抱。

当这些动作正在进行时，一个小女孩（可能是一岁或一岁半）开始在她母亲怀里兴奋地蠕动着，从没把她小小的眼眸从她归来的父亲的脸上移开，男子说道："嗨，小女孩。"当他从她母亲手中温柔地接过她时，很快地在她小脸的每个地方都亲了一下，又把她贴近自己的胸膛摇啊摇，小女孩很快就放松了，满足地把头静静靠在他肩上。

过了一会儿，他一手抱着女儿，一手牵着大儿子的手宣布："我把最好的留在最后。"然后给了妻子一个我从未看过的最长、最热情的吻，他深情地望着她好几秒，然后静静地说："我好爱你。"

他们凝视着对方的眼睛，握着彼此的手相视而笑。那一刻我觉得他们也许是新婚夫妻，但根据他们孩子的年龄判断，又不太可能，我被搞迷糊了，然后发现自己竟被离我不过一臂之遥的、不刻意的真情流露给弄呆了，立刻有种不对劲的感觉，好像自己在偷窥什么似的。但更惊讶的竟是我听到我自己的声音紧张地问着："你们俩结婚多久啦？"

"在一起14年，结婚12年了。"他顺口答道，眼睛还是盯着他可爱的妻子不放。

"那么，你离开多久了呢？"我问道。

这男人终于转了过来，看着我，露出他愉悦的微笑："整整两天。"

两天？我着实吃了一惊，依这般热烈的欢迎仪式看来，我觉得他们不是分离了几个月，也至少是几个星期。我的心事马上让他看了出来，我实在问得太随性了，于是我想要借着优雅的伪装赶紧脱身（并且赶快去找我朋友）："我希望我的婚姻在12年后还能有你们那般热情！"

这男人马上收敛了笑容,直直地看着我,以一种直烧进我灵魂的坚定,让我在他的话语中想法为之一变。他告诉我:"别只是希望,朋友,要下决心。"

然后他又给了我一个灿烂的笑脸,握握我的手,说道:"愿上帝祝福你!"就这样,他跟他家人转过身去,迈开大步一起走开了。

我一直看着这个特殊的男人和家庭走出我的视线,当我朋友走到我身边时问道:"你在看什么?"我毫不迟疑,以一种热切的坚定回答他:"我的未来!"

爱是孤单的一个字,所以需要两个人相拥。当一个温馨、浪漫的鸟巢能够为劳累、疲倦的鸟儿避风遮雨,爱的港湾就是鸟儿的天堂。不要将你工作上的失意,生活中的不幸带到你的家庭中,你的家庭就是爱的港湾。

2.多抽点时间陪陪自己的家人

> 时间是亲情的调和剂,陪伴是家人的互动方式,如此才会让一个家庭有温馨的感觉。
>
> ——卡耐基

家是一个避风港,它是每个女人心中最柔软的地方。新时代的女性,骨子里都有自立自强的精神,她们忙于工作、忙于应酬,回首才发现,陪伴家人的时间实在太少了。多姿多彩的生活中,你花了多少时间来陪伴自己的家人呢？

一位妈妈每天都很晚回家，回到家后吃完饭，又会匆匆回房间工作。

这一天，她回到家中，看见自己的丈夫在看电视，5岁大的儿子靠在门边，显然已等待她有些时候。小男孩很乖巧地跑到她的身边，拉着她的衣角说道："妈妈，我可以问你一个问题吗？"

她把儿子抱在怀中，点头答应。于是，小男孩问道："妈妈，你一个小时可以挣多少钱？"妈妈有些为难，最后禁不住儿子的哀求，说道："20美元。"

小男孩跑到爸爸的身边说道："爸爸，你可以借给我10美元吗？"

妈妈一听，顿时火冒心头："如果只是去买那些毫无意义的玩具的话，那么给我回到你的房间想想，爸爸妈妈每天工作赚钱不容易，没有钱让你胡乱花。"小男孩安静地回到自己的房间，并关上了门。

妈妈坐下来还是觉得很生气，在爸爸的安慰下，她开始回想，自己是不是对儿子太凶了，或许孩子真的想买什么呢！于是走进儿子的房间，问道："你睡了吗？儿子。""没有。"小男孩闷闷地回答。

"刚才可能对你太凶了，妈妈不是故意的，只是不想你乱花钱。"说着，便从口袋里拿出10美元。小男孩接过，说了声谢谢。他把枕头底下一些皱巴巴的钞票拿出来数着，母亲看到孩子的钱有些多，她问道："自己有这么多钱了，为什么还要？"

"因为这之前还不够，但现在够了。"小男孩说完，便把手里的钱给了妈妈，继续说道："妈妈，我现在有20美元了，我可以向你买一个小时的时间吗？今天晚上我和爸爸想和你一起吃晚餐。"

听完孩子的话，这位妈妈心酸了，她发现，自己忙于工作，把自己的丈夫和儿子忽略了。她把儿子抱在怀里,回头看见自己的丈夫抱着一个生日蛋糕,上面点着8根蜡烛。

"亲爱的,今天是我们结婚八周年纪念日,你还记得吗?"女人顿时恍然大悟,感动地哭了出来,她内心满是对丈夫和儿子的愧疚。她决定,以后无论再怎么忙,都要抽出一些时间来陪陪自己的家人。如果家人不快乐的话,她在外面拼命工作又有什么意义呢?

女人可以为工作而努力,但也应该花一些精力和时间陪伴自己的家人。千万不要为了追逐荣华富贵和功名利禄而忽视了家人的感受,要知道亲情才是无价之宝,不论自己有多么的繁忙,也要抽出时间来陪伴你的家人。

徐佳在年初升了经理,出差的时间越来越多。这回又刚刚从英国回来,飞机上一个人坐着无聊,就随手找了个电影看。电影名叫《因父之名》,一开始她还是在漫不经心地看着,后来就再也不能移开视线。

电影讲的是一个来自爱尔兰的年轻男子在英国闯荡,但是没想到造化弄人,他被人陷害,被判坐牢15年。面对这残酷的人生,穷小子几乎崩溃,这时他的父亲竟然也犯了罪,跟他一同入狱。原来父亲知道了儿子被冤枉的消息,决定要陪儿子一起度过,所以他放弃了一切,故意犯罪让自己也被关到这个地方来。和儿子一起坐牢期间,他想尽各种办法保护儿子,鼓励儿子,支持儿子。因为有了父亲的信任和陪伴,儿子才没有感到绝望和孤单。父亲至死都在为儿子申诉,希望洗脱他的罪名。

徐佳已经很多年没有在外人面前流过泪了。看着这部电影,她在飞机上泣不成声。

旁边座位一个外国老人好心地问她怎么了,她说觉得这个父亲真是不幸。老人听后平静地说："这个父亲是最幸福的父亲。"

"为什么？"徐佳十分不理解。

"能一直陪在自己的儿子身边，是多大的幸福啊。我儿子10年前就离开家了，至今一次都没有回来过。我有时候真希望他失业了，或是发生什么意外不能出门，这样我就能日日陪在他身边了。"徐佳一直记着这位老父亲眼中的落寞和期盼。回家时，她把这件事当作旅途趣闻说给了父母听，父母没有她意料中的惊讶，倒是沉默了一会儿说，可怜天下父母心。

徐佳有一个姐姐和一个弟弟，姐弟三人都在外工作，除了法定节假日，基本上赶不上一起休息的时候。每次父亲都早早地打电话给三个孩子，"预订"他们的长假。父亲的电话就像是假期的定时提醒，总会让忙得昏天黑地的孩子们想到应该放松一下，所以每次他们都会按父亲的希望，回家一起过节。

有一段时间三个人的工作都很忙，几个月都没回去看过父母。好不容易到了五一小长假，姐姐说一定要回去看看父母，不过想给他们一个惊喜，所以约定暂时不告诉他们，就说要在公司加班。父亲打来电话时，三个人按计划行事。母亲在一旁听到徐佳说忙不回家，急着抢过了话筒："那自己要多注意身体啊，吃点好的，别怕花钱，下次放假一定回来啊。"母亲语气中的失望和担忧，即便隔着这么远的距离徐佳还是能感觉到。

徐佳有些后悔，觉得这次似乎有些过分了。于是在放假前一天就急匆匆坐车赶回了家。路上交通状况不好，到家时天已经黑了。走到小区楼下，徐佳习惯性地抬头看着家里的阳台，竟然发现母亲正站在阳台上张望，房间里的灯光照出来，很温暖，让徐佳的心一下子酸酸的。母亲看到她，一下子跳了起来，大声叫着她的小名。徐佳用力向母亲挥手，快步跑上楼，母亲早就在门口等着了，一见面就上下打量起来，还不住地埋怨她怎么能开这么过分的玩笑。徐佳想笑，又很想哭，可肚子却不合时宜地响了起来，走了将近三个小时，的确饿了。

母亲急忙洗手准备重新炒菜，徐佳走进厨房一看，只有炒青菜和一碗剩下的粥。这时父亲走了出来，指着简单的菜说："你们都不回来，你妈就让我过这种苦日子。"父亲一向严厉，现在说话的语气倒是像个受了委屈的小孩。徐佳忍不住笑起来。

打开冰箱，徐佳发现里面尽是些罐头和已经过期的食品，根本不像她每次回来时看到的冰箱，才知道原来自己不在的时候父母过得都是这么简单的日子。徐佳赶忙打电话给姐姐和弟弟，让他们买些好吃的回来。

这个假期一家人团聚在一起，热热闹闹地吃饭说笑，似乎和平时没什么两样，但徐佳注意到，父母脸上的笑是那么灿烂，那么幸福。

卡耐基夫人桃乐丝认为，陪伴是很奢侈的幸运与坚持。人们都会以为来日方长，什么都有机会，其实人生是减法，见一面少一面。美国前总统奥巴马说，我希望自己可以在一天之中抽出一小段时间去陪伴女儿，这是我最基本的要求。

在现实生活中，为了事业忘记家人的事情屡见不鲜。事业重要，但是家庭同样重要。聪明的女人，会将家庭和事业的关系处理妥当，绝对不会因为事业而忽略了家人的感受。所以，尽量抽出时间陪陪自己的家人吧，他们才是你生命中最宝贵的财富，也是你永远可以寻找到的温暖的港湾。

3.爱屋及乌，与家庭其他成员和睦相处

> 婚姻就是契约，你领到的结婚证，其实就
> 是双方的一个契约。因此我们每一个人都应该
> 理性地维护婚姻，更有强烈的契约意识，积极
> 地经营婚姻。
>
> ——卡耐基

任何东西不是随便就能得到，包括和谐的婚姻生活。女人在没出嫁以前早已经习惯了自己成长的环境，但是嫁给一个人，等于嫁给他的习惯和性格，还要接纳他家人的习惯和爱好，不管好坏！婚姻不是两个人的事，全体家庭成员的融洽才是最难得的幸福。

要想夫妻关系和睦，得到完美幸福的婚姻生活，你就要准确把握自己在婚姻中的不同角色，扮演好不同的角色，正确地面对和处理这些家庭人际关系。

1.婆媳关系的处理

在家庭关系中，最难相处的是婆媳关系。之所以会这样，原因大致有以下几方面：婆媳两方都很难迅速地适应新的角色，对同一个男人的爱产生的竞争与威胁，双方不同的生活方式、观念等。

而婆媳关系正是夫妻感情的"杀手"。我们知道，中国人的传统观念里"百善孝为先"，你的老公夹在你与婆婆中间，长期受夹板气的心情是相当痛苦的。母亲是天注定的，不可能更换，但是，媳妇是可以再换的。有调查显示，离婚悲剧有近三成是因婆媳不和引起的。

那么,如何处理好婆媳之间的问题,以保证家庭的和睦共荣呢?你不妨参考以下的建议。

视若亲娘地孝顺婆婆。人无完人,面对现实,大度宽容,像对待母亲一样去对待婆婆,表现出更多的关心、宽容、依顺、体贴……你自然可以像和母亲相处一样地和婆婆相处,成为婆婆最贴心、最疼爱并具孝心的媳妇。

满足婆婆的心理需求。结婚后丈夫必然会对母亲出现"疏离"现象,因为害怕失去了儿子,也怕媳妇夺去他的亲情,婆婆在心理上便会产生一种不安全与失落感,这种情绪在一时间是无法平衡的。因此,你要多陪婆婆唠唠家常,尽量去满足婆婆的心理需求,你的付出不会没有回报的。

适当拉开与婆婆的距离。与婆婆避免过多的接触,少关注婆婆的一些具有伤害性的态度,更多地把心理能量投注于婆媳关系以外的世界,抵消和疏泄不愉快的情绪。为此,你可以更加积极努力地工作,也可以更多地关心丈夫。

2.姑嫂关系的处理

没有哪个母亲不疼自己亲闺女的,女儿就是母亲的心头肉。所以,父母疼、哥哥爱的小姑常常会成为婆媳矛盾、哥嫂不和的导火索。作为一个儿媳,和小姑子处好关系,得到婆婆的欢心就指日可待了。

那么,怎样才能搞好姑嫂关系呢?

适应家庭的原本状况。由于小姑长期受宠,比较任性,你的婆婆和丈夫都容忍她、迁就她,因此你入门后要适应家庭的原本状况,要像丈夫那样关心她、照顾她。你怎么对待她,她自然会以什么样的方式对待你。当然,对于一些不合理的状况你应该改变,但是要慢慢来,以免骤然打破平衡,引发许多矛盾。

不要产生妒忌心理。不少媳妇认为婆婆"偏心眼",待小姑好,把媳妇当外人。俗话说:"闺女娘,心连肠。"你应该有气度和度量，不要产生妒忌心理，要把小姑看成是亲妹妹，主动地关心和照顾她，有事要多和小姑商量，特别是年轻的小姑恋爱、结婚时，你更应帮助出主意、当参谋。

　　思璇和老公志刚刚结婚的时候，志刚的妹妹小凡正在上大学。还没结婚的时候就听别人说，姑嫂关系处不好会直接影响婆媳关系，因为没有哪个母亲不疼自己的闺女。所以，思璇从第一次与小凡这个小姑子见面就试着和她处好关系，因为年龄相差不大的缘故，思璇和小凡两人很谈得来。

　　结婚以后，每次小凡回家，思璇都会给小凡准备一大桌好吃的，说学校生活不好，好不容易回趟家就得好好地改善改善生活，等小凡回学校的时候，思璇还会给她塞上几百块钱，让她在学校多买点好吃的，不要亏待了自己。看到思璇如此待自己，小凡也就和她无话不谈，无论有什么事，都愿意直接找她商量，渐渐地两人成了无话不谈的朋友，思璇说："我们之间的关系比她和她亲哥哥的关系还要好，我老公要想知道他妹妹的事，还得来问我呢！"看到妻子和妹妹处得这么好，志刚打心眼里高兴。

　　小凡大学毕业后，思璇又和丈夫一起到处托关系帮小凡找工作，工作找到后，思璇还给小凡买了一份礼物，庆贺她找到工作。小凡上班后，节假日的时候，姑嫂两人就会相约一起去逛街，顺便给她买些女孩喜欢的小玩意儿，花钱不多，但是小凡却很开心。后来，小凡嫁人了，有了孩子之后，每次去小凡家，思璇都不忘给小外甥带一份礼物。

　　几年后，小凡和丈夫因为关系不和而离婚，看到因为感情受挫而闷闷不乐的小凡，思璇的心里很难过，用心地开导她、安慰她。了解到小凡并没有多少存款，生活陷入困境后，思璇就找了个时间，与小凡长谈了一次，了解了她的打算、她的特长、她的兴趣，也说了自己的想法。回到家后思璇就和丈夫商量，决定资助小凡加盟一家品牌服装店，当思璇把自己和丈夫的决定告诉小凡的时候，小凡非常感动，抱着思璇直掉眼泪，思璇拍着小凡的肩膀说："傻瓜，我们都是一家人，我们不帮你谁帮你呢?"

服装店开业后，因为牌子口碑好，有消费群体，所以生意很好，不到一年就收回了成本，开始盈利，不久之后，小凡就还清了思璇夫妇资助她的钱，到年底的时候还坚持给他们分了红，而她和思璇的关系也越来越好，还逢人就说嫂子对她的好，思璇在街坊邻居中间也有一个很好的口碑。大家都说志刚不知道上辈子修了什么福缘，娶了这么好一个的妻子。

看到姑嫂关系如此之好，婆婆也很高兴，人前人后常夸自己儿媳的贤惠，把思璇更是当亲闺女一样疼。一家人和和美美的，年底街道办事处还给他们家颁发了模范家庭的奖状，思璇的公婆乐得合不拢嘴。

其实，虽然姑嫂关系不好处理，但是，每个人都有一颗感恩的心，只要你能宽容大度，不斤斤计较，像亲人一样真心地待她，投之以桃，报之以李，她自然也会真心地待你，互相尊重、互相帮助，和谐真的不难。

3.妯娌关系的处理

妯娌之间相处，最忌讳的就是斤斤计较，道人长短。要想让家庭和和美美，处好妯娌关系，既要能够互相体谅，也要收起自己的好胜心。比如，看到公婆为对方买什么，不打听、不妒忌，公婆为对方看孩子、送钱，不多嘴、不计较;看到兄弟夫妻二人吵嘴，要真心劝解，不能火上加油，更不能做一个到处宣传的长舌妇等。俗话说："你敬我一尺，我敬你一丈。"一旦一方看到另一方如此大度，自然也就不会与其斤斤计较，当然，双方关系就会融洽和睦。

林山和林峰是两兄弟，年龄只差一岁。林山和弟弟林峰是一起入学的，兄弟俩从小关系就很好。高中毕业后，兄弟俩都没有考上大学，于是寻思着合伙做点小生意。

就在他们琢磨干点事业的时候，学校附近有家小饭馆要转让，兄弟俩看上了这里优越的地理条件，再加上他们的厨艺还不错。于是，很快就把这个店盘了下来。

由于兄弟俩为人憨厚，给的饭菜量足，再加上菜做得也非常美味，卫生也很好，学生都喜欢到这里吃饭，小饭馆生意很快红火起来。几年下来，饭馆的规模也扩大了不少，兄弟俩也是干劲十足，对于饭馆的发展前景有了很多的规划。

但是，随着年龄的增长，兄弟俩也先后成了家，有了老婆之后，事情就不这么简单了。

以前，在利润分成的时候，兄弟俩谁多拿点，谁少拿点，都无所谓。现在都有了老婆，一切都不是兄弟俩说了算，兄弟俩每次分钱都要算得清清楚楚，否则两个女人就会把家里闹得鸡飞狗跳，让兄弟俩烦恼不已。亲兄弟，明算账，这点无可厚非，毕竟是与利益有关的事。最让两兄弟伤脑筋的是，本来无冤无仇两妯娌却是你看我不顺眼，我看你不顺眼，回到家又各自向老公抱怨对方的不是，甚至都唆使自己的丈夫和兄弟分开做生意。

承受不了老婆的压力，兄弟俩只好商量把生意分开。可问题是，饭馆只有一个，分开之后由谁来接手这个店又成了一个难题。这个店的生意好，自然是谁也不想轻易放弃的。这样一来，两个女人又为夺得饭馆的经营权而开战，弄得家里硝烟弥漫，生意也没法做，最后不得不请出公婆来主持公道。

手心手背都是肉，两个老人也不知道该怎么办。可是事情总得解决，于是父亲做出了这样的决定。让老大让一下老二，把店面留给老二，老二出一些钱给老大作为补偿。虽然有失公平，但这个办法却是目前的最好办法了。林山同意了，可是，他的妻子却不干，缠着丈夫要回店面，否则就离婚。心烦意乱的林山忍无可忍，说："离就离吧。"

结果一个好好的家庭说散就散了，而老二接手店面后，由于没有哥哥的帮衬，生意也没有以前好了，惨淡经营了没多久也被迫关门了。

俗话说家和万事兴，如果两妯娌能够和和气气地相处，好好地经营饭馆，老大的家庭不会破裂，饭馆也不会惨遭关门。如果两个女人把心胸放宽一点，不为小事斤斤计较，不是处处总想着沾光，也不会闹得家庭不和。和气生财，说的不就是这个理吗？

歌德曾说，无论是国王还是农夫，只要家庭和睦，他便是最幸福的人。家是世界上最温暖的地方，家是避风港。卡耐基的夫人桃乐丝认为，只有处理好和家里每一个成员的关系，才能得到一个幸福美满的家庭，锱铢必较只会让自己更累。所以，面对家庭成员，要有一颗豁达的心。

4.婆媳不是天敌，你可以和她成为"战友"

与婆婆做战友一定会比当敌人好。再说，那些原本纯属"家庭内部矛盾"的事情，非要搞成了"敌我矛盾"，这是大家的遗憾。我们因爱而来，那就不要因爱而散吧！

——卡耐基

你要知道，你有多爱你的父母，你的丈夫就有多爱你的公婆。亲情是世界上最永恒最稳固的爱，最难以扯断的纽带。如果经常为了一些小事对公婆耿耿于怀，动辄受气回娘家诉苦，让男人饱受"夹板气"的待遇，为此要损失多少本属于你的亲情与关爱，这种得不偿失的事情，只能让心爱的男人为难、添堵、苦恼、郁闷，自己也跟着受罪。爱他，就为了他而发自内心地去接受他的一切吧。所以，作为儿媳的你，体谅男人的最好方式就是尊敬你的公婆，他们是生他养他的人，只要你用真心去尊敬他们，总有一天，他们也会接纳你的。

1973年6月的一个早晨，希拉里乘坐的飞机降落在小石城机场，克林顿开车到机场迎接。他们一路走走停停，不时下车观看路上的景物或商店，因此直到傍晚时分才到达温泉市。

克林顿的母亲弗吉妮亚早已收拾打扮停当，坐在花园里等着儿子的女朋友到来。

弗吉妮亚的经历很坎坷。她一生中嫁过四任丈夫，唯有最后一任丈夫才是最可靠的人。而坎坷的生活经历使弗吉妮亚一开始就对希拉里抱有一定的偏见。弗吉妮亚喜欢化妆。因而她看不惯不化妆、不打扮、穿牛仔裤和T恤衫的希拉里。而希拉里在这种情况下则充分地发扬了自己的风格。她既没有因为婆婆的"歧视"而发火动怒，也没有针锋相对地为自己辩解，她知道这样做不但解决不了问题，反而会使自己的处境更糟，同时也会连累丈夫，使整个家庭陷入混乱。所以在接下来的日子里，她一方面适当地改变自己，另一方面处处对婆婆表现出应有的尊重，最终以诚心和耐心感化了婆婆。在她的回忆录《亲历历史》中，她说道："最终弗吉妮亚和我渐渐学习会了尊重彼此间的分歧，并建立起深厚的情谊。我们都想通了，求同比斤斤计较更为重要，毕竟两个人都爱克林顿。"

其实，人与人的关系就像一个花园，是需要人来经营和维护的，你经营得好，便能开出满园的鲜花；如果只是顺其自然，这个花园就会长满野草，久而久之就变成了荒地。所以，在与婆婆相处的时候，一定要像侍弄花园一样，用心浇灌，这样你们的感情才会得到滋养。婆婆也并不是天生就是我们的仇敌，就算婆媳关系如同带刺的玫瑰，但若浇灌好了，它的鲜艳与芬芳，总是可以盖过它锋利的刺。

苏姗的婆婆曾经强烈地反对过苏姗和儿子薛亮的婚事，她瞧不起苏姗出生农村，瞧不起苏姗务农的父母。结婚有了孩子后，她又对苏姗没能给她生个孙子耿耿于怀。生活在一起后，她还看不惯苏姗不喜欢收拾屋子，常常指使老公做家务。

但是她从不在外人面前把这种不满表现出来。只要薛亮不在家，只要别人不在场，她对苏姗完全就是另一种态度。她看电视、打牌、逛街，对又要带孩子又要做家务的苏姗置之不理。有时苏姗忍不住喊她帮帮忙，她说你还出生农村呢，怎么这么娇气？更厉害的是她时间观念特别"强"，基本把自己的劳动时间都定在薛亮要下班的时候。薛亮一进门，看到的准是她又洗尿布，又拖地板，又做饭菜，累得满头大汗的样子。薛亮就觉得苏姗在偷懒，要苏姗帮婆婆。这时婆婆却"通情达理"地说："你看你的电视去，我一个人够了，家务事累不死人的。"让苏姗哭笑不得。

婆婆这种做法不仅让苏姗在邻居心目中留下了不好的印象，更严重地影响了苏姗和薛亮的夫妻感情。

一次，苏姗给孩子洗澡，脱了衣服才发觉水凉了点，要婆婆帮忙舀一点热水来。婆婆极不情愿地倒了一瓢水过来，从老高的地方往盆子里一淋，地上溅得到处都是，把孩子都吓哭了。苏姗说了几句，没想到婆婆把门一撞，就跑出去了。

一会儿，退休在家的老教师杨爷爷按响了苏姗家的门铃，告诉苏姗，婆婆坐在小区的石凳上哭得很厉害，问她什么也不说。

苏姗气急败坏地抱着孩子去找她，几个老人正围着她劝，看到苏姗来了，一位老婆婆马上教训起苏姗来，说小辈要对老人好一点，以后自己的孩子才能对自己好。苏姗知道婆婆是在故意制造众怒，掉头走了。

薛亮进门时，苏姗正在哄孩子睡觉。他一把将苏姗拖起来，质问苏姗："妈呢？"苏姗知道，邻居们在他跟前已经做过详细描述了，再复述毫无意义，便说："不会丢的，很多人保护着呢。"苏姗的话音没落，脸上已经挨了丈夫重重一巴掌。

苏姗想到了跟薛亮离婚。但是，孩子才七个月，能让她从小就生活在一个残缺的家庭里吗？不行！就算要离婚，苏姗也不能背上一个恶媳妇的名声。

苏姗决定对婆婆的做法予以还击。

机会终于来了。薛亮因为赶一份策划，通宵达旦工作了四天。老总放他三天假，让他在家好好休息。苏姗故意没有告诉婆婆，对丈夫说："薛亮，这三天你不跟妈说你在家，你观察她的一举一动，就知道我有多冤枉。"

第二天下午，薛亮在书房里上网，婆婆坐在客厅里看电视。苏姗带着孩子在卧室里午睡，突然孩子拉大便了，苏姗的衣服全弄脏了，稍一动就会擦到被子上。苏姗连忙喊婆婆："妈，你帮我一下，宝宝拉大便了。"婆婆不理苏姗。苏姗提高嗓门又喊了两声，她还是装没听见。苏姗只好抓起一条枕巾裹住孩子的屁股就往浴室跑。

薛亮看不过去了,走出来站在客厅门口问:"妈,苏姗叫你,你怎么不吭声啊!"

婆婆赶紧说:"哦,看电视看迷糊了,没听到!叫我干吗?"

薛亮不悦地说:"我在书房都听到了。"

婆婆连忙自我解嘲:"我是老人,老人的耳朵怎么有你们年轻人好使。"

第三天上午,婆婆以为薛亮上班走了,开始就前一天的事向苏姗发难:"你不就是想让我儿子站到你一边?你们好一起对付我吗?我告诉你,休想。"

苏姗没有理他,她知道薛亮在书房,他能清楚地听到他妈妈说的话。

婆婆怒气冲冲地出去,晚上才回来。拉着一张脸提着一袋子菜进门,看到薛亮在,马上又转了笑:"今天怎么回来得这么早啊!"薛亮说:"今天我没上班,在家休息。"婆婆顿时很尴尬,进厨房的时候回过头来狠狠地瞪了苏姗一眼。

"妈妈她为什么要这样呢?"晚上睡觉时,薛亮皱着眉说。苏姗知道丈夫开始对婆婆的举动不满意了。但是她并没有得理不饶人。

趁着和婆婆一起喂孩子牛奶时,苏姗跟婆婆说:"妈,你认识院子里的林荫两口子吗?听说离婚了,是婆媳关系不和。"

婆婆吃惊地看着苏姗:"平时没听她婆婆说她什么啊,两人好像关系挺不错的。"苏姗说:"不能看表象,有的人不愿意家丑外扬,喜欢什么事都闷在心里头。"

看婆婆若有所思的样子,苏姗装着开玩笑地问:"妈,是不是每个当婆婆的都不愿意自己的儿子跟媳妇关系太好?林荫跟我说,她婆婆就是老吃她的醋,觉得儿子娶了媳妇后心里只有媳妇,没有她这个妈了,所以处处生是非,搞得小两口不和。您跟我说句实话,你有时候是不是也希望我和薛亮离婚啊?"

"你这是什么话啊？哪个当父母的不希望自己的孩子夫妻和睦，过得好啊？"婆婆急了起来。

"可是，他在的时候，你对我很好，他不在的时候你就跟我作对，还常常让他误会我，让别人误会我，我有口难辩，里外不是人。夫妻感情是很脆弱的，一旦破裂了，就难再修复了。"

"我破坏了你们的夫妻感情？"婆婆气得满脸通红，"你们结婚后，他的心就全在你那儿了。他每天进门第一件事是找孩子，然后是问妻子，眼里哪里有我这个娘的存在？你嫁到我家什么都没要你操心过，你怀孩子时我是寸步不离地侍候着你，可你念过我的好吗？孩子满月时你妈妈来了，你对她那样的孝敬。她不就给孩子做了几双虎头鞋，织了几件小毛衣吗？你就感激成那样，给她买衣服，买营养品，那我为你做的呢？"

苏姗委屈地说："妈，你平时不是对我给你买的什么东西都不满意吗？我就只好给你钱让你自己去挑选了。"

"不说你们不会自己去想吗？根本就是懒得花那点心思。"婆婆还是愤愤不平，但是语气里少了火药味。

苏姗有点明白了。

接下来，她从薛亮那里得知婆婆最喜欢吃鱼，就买了一本烹调书，天天跟婆婆研究鱼的做法。在相互协作的过程中，苏姗和婆婆增进了感情。婆婆的生日苏姗不再只给她两百块钱让她自己去买礼物，而是带她到商场帮她挑。从外面带了什么好吃的回去，首先就喊婆婆来尝，听到哪里的衣服鞋子打折第一个就向她汇报。出门时不忘说一声："妈，我出去一下，很快回来。"进门时亲昵地招呼一句："妈，我回来了！"

做到这一些其实很简单，可是收获却不小。婆婆感觉自己受到了重视，不再把苏姗视为侵入者了。她们的关系越来越融洽。婆婆很少出门打牌了，常常跟苏姗一起做家务、带孩子，还常常跟苏姗讲年轻时和公公的浪漫往事;薛亮进门的时候,不是看到她们在探讨育儿经,就是照着食谱制作凉菜,乳豆腐,剁辣椒,或者拿着某个超市塞进门缝的广告在研究采购方案……

聪明的女人会选择和婆婆站在同一个"战壕"里,一起"对付"那个是儿子又是丈夫的男人。婆婆那颗爱儿子的心或许有些偏袒、古旧,但加上媳妇的智慧与配合,这两份爱就完全可以成就一位好男人。即便我们和婆婆成不了母女,但依旧有条件成为"战友",共同支持那个男人。当家庭有了重心和支撑,幸福的是家人。和婆婆站在同一个"战壕"里,当然不是件容易的事情,但你爱你的丈夫吗?如果爱,那就为了爱而尝试下吧。

5.提升自己,再忙也要做"天使妈妈"

> 如果说母亲是太阳,那么孩子就是向日葵,如果妈妈没有很好地把握自己对孩子的教导,就可能将孩子引入歧途。
>
> ——卡耐基

养育孩子既是件麻烦的事,又是件无比幸福的事情。看着自己孕育的小生命一天天长大,慢慢变得会说话了,有思想了,那种成就感和幸福感是无可比拟的。人生名利如浮云,其实最值得珍惜的还是家庭和亲情。当孩子在大人的呵护下成长的时候,父母也从孩子那里体会到为人父母的责任与乐趣。在一个家庭中，真正会爱孩子的父母除了给予他物质上的必要满足外，更多地应从思想上帮助孩子，使其多学习、多修身、多自立，流自己的汗，吃自己的饭，而不是躺在父辈提供的安乐窝里睡大觉。教孩子学正道、走正路、干正事，才会使其终生受益，健康成长。

在俄克拉荷马州的一家联邦少年教养所内，有这样一个孩子。他在说起自己母亲的教育时，神情是那样的痛楚，这让人感觉十分悲痛。这个孩子说，他在进了教养所之后，给母亲写了很多封信，信上告诉母亲，他在这里学到了很多东西，并且自己也有了很大的改变。但是出乎意料，母亲的回信却带有浓烈的鄙视的意味："请你以后不要再陶醉于那些微小的改变之类的无聊事情了。这个世界上除了监狱之外，没有什么地方是适合你的，你还是在里边好好地待着吧。"

看到这封信的时候，很多人被吓了一跳，这种鄙视和遗弃会给孩子带来多大的伤害啊。果然，看完信之后，孩子充满了绝望，他的眼里散发出的是浓浓的失望和怨恨。对于这样的眼神，管教实在是不能坐视不管，于是便跟这个孩子进行了长期的接触。

在他的情绪稍微稳定一些后，管教和他谈到了他母亲的问题。管教不相信有孩子生下来就是罪恶的，就是要到监狱里去受刑罚的，这中间肯定是有着什么不可忽视的恶劣影响。果然，一段时间之后，管教了解到，这一切的根源居然在于他母亲对他的教育上。

在他很小的时候，母亲教给他的知识居然是如何在别人不注意的时候偷拿东西。在他10岁的时候，在好奇心的驱使之下，他迷上了抽烟，他的母亲也没有进行阻止，反而是鼓励他，说这是男子汉的行为。在他进学校之后，他曾经很多次和别的学生打架，对此，母亲也没有严厉地训斥，甚至都没有责怪过他，好像打架这一事情是理所当然的一样。他的父亲曾经对此给予批评,但是无奈,母亲给他撑腰,告诉他,打架是有勇气的表现,千万不要做一个老被别人欺负的窝囊废。

在这样的教育下,这个孩子在黑暗的道路上是越走越远,最终拦路抢劫,被关进了少年教养所。可直到这个时候,他的母亲仍然没有意识到,孩子的这一切都是由她造成的,她的不正确教育方式、她的厌弃,将这个孩子原本光明的前途彻底毁灭了。

试想一下,如果这位母亲能够对儿子进行正确的教育,那她的孩子还会在大好年华里被关进高墙之内吗?

家长的行业是教育子女。如何教育呢?一位老先生回答是,养成他们耐劳作的体力,纯洁高尚的道德,广博自由能容纳新生潮流的精神,也就是能在世界新潮流中拥有不被淹没的力量。纵观当今世界,培养孩子自立的能力,锻炼孩子经受磨砺的耐力,鼓励孩子勇于竞争的心力,已成为培养下一代的主要影响。

如同一句谚语所言:“那双推动摇篮的手,也在推动着人类的未来。”母亲对孩子的重要性不言而喻。作为母亲,一定要明白,在孩子的成长过程中,自己扮演的是一个决定孩子命运好坏的重要角色。一个人一生中最早接触到的教育大都来自母亲,母亲不经意的一句话可能就决定着孩子的未来。

有些母亲会处处以老师的姿态和孩子相处,却忽略了平等对待。她们总是像严师一样要求孩子要这样做,不要那样做,应该学这些,不应该学那些。孩子虽然会因此而学到一些知识或懂得一些道理,但可能只是表面明白,知其然,而不知其所以然,因为他们对母亲更多是像对老师一样的遵从和敬畏,而少了一些与朋友相处的亲近和平等。

晚饭过后，母亲忙着做家务。刚上五年级的女儿走近问道："妈妈，问您一个问题，您的心愿是什么？"

母亲先是一愣，接着不耐烦地回答："心愿很多，跟你说没用。"

女儿执拗地要求："您就说说看，这对我很重要。"

母亲看着女儿坚持的样子，就回答说："好吧，就说给你听听。第一，希望你努力学习，保持好成绩；第二，希望你听话，不让大人操心；第三，希望你将来考上名牌大学；第四……"

女儿打断母亲的回答："哎，妈妈，您不要总是说对我的期望，说说您自己的心愿吧？"母亲配合着女儿，又沉浸在对美好未来的种种设想之中："我嘛，一是希望身体健康，青春长驻；二是希望工作顺心，事业有成；三是希望家庭和睦，美满幸福；四是……"

女儿再次打断母亲的回答："妈妈，您说的这些又大又空，说点实际的吧，比如您想要什么。"

母亲好像发现了什么似的，有些恼火地打断女儿的话："我就知道你跟我玩心眼儿，一定是老师留了关于心愿的作文题目，你写不出来就想到我这里挖材料对不对？实话告诉你吧，我的心愿多着呢！我想要别墅，我想要小轿车，我想要高档时装，看，我的手袋坏了，还想要一只真皮手袋，你看这些实际不实际？这些你都能满足我吗？跟你说有什么用？好了，心愿说完了，你去写作业吧。"

女儿回到自己的房间，母亲觉得女儿今天很奇怪，又站起身推开女儿的房门。女儿正在写作业，还一边流泪，不停地用手背擦着。母亲的无名火又上来了，声音比刚才还要高出几个分贝，喊道："你想偷懒不写作业是不是？你故意气我是不是？"

女儿解释："妈妈，我不是……"

"还敢顶嘴！告诉你，九点钟之前写不完这篇作文就不许睡觉！"母亲很气愤地命令着，一扭身"嘭"地把门关上。

第二天晚上吃完饭，女儿照例进屋写作业，母亲照例忙着每日必做的家务。

这时，母亲发现茶几上多出了一束鲜花，鲜花旁放了一个包装袋，包装袋上放了一张小纸条，纸条上面写着：妈妈，今天是您的生日，我用平时攒的零花钱和这两年的压岁钱给您买了一只真皮手袋。让您高兴，这是我最大的心愿。

纸条上落款是：想给您一份惊喜却不小心惹您生气的孩子。

母亲的手颤抖了，呆呆地坐在沙发上说不出一句话。

母爱是伟大的。这一点从来不容质疑，当然，也从来没有人怀疑过。泰戈尔说，母亲不仅仅属于家庭，而且还属于世界。有人说，每个母亲都是一个天使，可当她成为母亲的那一天，她便收起了那件七彩羽衣，从此不再飞翔。

孩子源于女性的孕育，所以很多母亲自然而然地认为孩子是属于她的。但孩子并不是你的私有财产。爱他，却是永远不要试图占有他，否则孩子会变成一个"囚犯"。

房子能够被占有，车子能够被占有，但是人从来不能够被占有。在小孩子出生之前，你就要做好准备，把他当作一个独立的人来对待，而不只是把他当作你的孩子。

要学会尊重你的小孩。卡耐基的夫人桃乐丝说，像成人一样地对待小孩，不要轻易将你的想法强加在孩子身上，不要将你的喜好当成孩子的喜好，你要给他自由，去探索这个世界的自由，帮助他在探索世界的过程中变得越来越有力量。你给他能量，给他保护，给他安全，给他任何他所需要的，这全是帮助他远离你，让他有能力独自去探索世界。

6.用爱塑造家庭，用心滋养事业

> 人一生的经历是短暂的，也是美好的。在
> 这美好有限的人生旅程中，经营好家庭和事业，
> 平衡处理好两者关系，那你的人生将会是快乐
> 辉煌的。
>
> ——卡耐基

女人的幸福是来自多方面的，所以女人都要好好审视一下自己的今天，寻找一种温馨自然、透明而真实的幸福，拂去内心的不安与沮丧、消除尘世繁华所带来的疲惫与孤独，不要为追求事业而失去了家庭，不要因为忙而忽视了享受天伦之乐，从而失去那些原本守候在你身边的幸福。

但是，女人也不能因为家庭而完全放弃了自己的事业。在现代这个社会，如果一个女人没有自己的事业，那么就只能在男人面前唯命是从，这是现代女性所不想要的。在现实生活中，很多小鸟依人般的女人，婚后当全职太太十几年，最后因为婚姻出现变故而变得相当潦倒。

因此，对于一个智慧的女人来讲，如何平衡事业和家庭的关系，是一个重要考验。如果想要家庭幸福，切不可做不顾一切的女强人。如果想要活出自己的精彩，全职太太万万不能当，如此很可能会为了家庭而失去自己。

有些"女强人"说，只要有一份属于自己的事业就什么都不怕

了，我一个人也可以过得很好。这样的生活，未必是幸福的。事业与家庭不是对立的，有了自己的事业，并不是说家庭就不重要了。对于智慧的女人而言，事业的前提首先是要家庭和睦，这是关键。如果没有一个幸福美满的家庭，那份事业再怎么成功，人生也将是苍白的、悲哀的！

有些"居家型"的女人说，嫁一个好男人，全心经营一个家，这就是女人一生的事业。是啊，这样确实是一个典型的贤妻良母，是一个伟大的女人。但是有一点女人必须要明白，如今这个社会是复杂多变的，谁都不能保证下一秒会有什么意外发生。

所以，为了平衡家庭和事业。每一个女性，都应该有自己的职业定位，通过制订各阶段的职业生涯规划，让自己拥有一生的事业。然而，对于家庭的组建和成长，以及事业的发展，在各阶段又应有所侧重。因此，职业女性可以结合两者不同阶段的发展重点，来均衡家庭和事业。让自己在有限的精力和条件下，拥有两者的完美组合。

孙秀芳，IT女杰，1999年1月她从工作了14年的IBM跳到了康柏。从IBM出来的时候，她已经是IBM大中国区软件部市场及运作总监。

在孙秀芳眼里，IBM的企业文化非常细腻规范，如同"润物细无声"一般浸入人心。很多人把IBM比作一个大家庭，这个大家庭让每个身在其中的人都感到安全和温暖，每个IBM的员工都在一种有序的状态下发展自己的职业生涯。如果把IBM比喻成稳重成熟经验丰富的中年人，那么，相比之下，康柏公司更像是一个朝气蓬勃血气方刚的年轻人。没有成规，只求创新。巨大的文化差异，使初进康柏公司的孙秀芳感到手足无措，不知道该从哪里着手，这是在IBM工作时从没有过的体验。其实不止她，在康柏公司不乏从IBM

跳槽过来，却因为适应不了康柏的文化而另择良枝的员工。但是与这些人不同的是，她选择了留下来，适应康柏的文化。

"我是个适应力很强的人，能做到这一点取决于我的心态。今天我下榻在五星级宾馆，明天我也可以住招待所，这都无所谓。这是个变化很快的世界，尤其在IT业，我经常提醒自己，面对所有的变化要坦然处之。"

正是她的自信以及良好的心态使得她在"人生地不熟"，手下只有几个兵的"劣势"下，从容完成康柏交给她的第一个任务——康柏与中国最大的软件企业之一，中软总公司共同合作开发中国第一个具有自主知识产权的高端企业级操作系统COSIX64项目。这一软件的开发成功在1999年多事的IT界激起了不小的反响。业界媒体在报道及评论这一消息时，大量使用了"真正自主版权"，"开创国产高端操作系统新纪元"等鼓舞人心的用语。同时它也增强了康柏总部在中国加大投资的信心。而孙秀芳本人也因此赢得了康柏总部对她的器重，她现在不需要通过亚太总部可以直接与国外总部联系。

事业的成功并没有让她失去家庭的幸福，孙秀芳认为，作为一名女职业经理人必须懂得家庭和工作之间的矛盾，否则就有可能因此失去家庭的温暖。她的下属都羡慕她有个幸福美满的家庭，但他们并不了解，为了做一个贤妻良母，她付出了巨大的努力。1996年，公司刚要提升她到一个关键的岗位，但是她刚刚生完孩子，为了更好地照顾孩子，尽到母亲的责任，她选择了放弃晋升。而且为了不影响正常的工作，她通常在晚上把孩子哄睡了之后再赶到公司把工作处理完。曾是孙秀芳下属的IBM软件部王静还记得，当时她发给大家的E-mail的时间都是在夜深以后。

不过，随着职位的提高，她在家庭和事业之间平衡的技巧越来越娴熟。说起这些她几乎有点眉飞色舞起来。"有空闲的时间，我还喜欢自己做女工呢!"孙秀芳笑着说,在加拿大多伦多求学时,由于没钱买窗帘,她就自己动手做,所以到现在她还喜欢为孩子缝制衣服,教有兴趣的同事做发卡等小装饰品。

她是一名IT精英,有着自己的事业,要努力打拼;同时她也是一名女人,需要照顾孩子,照顾家庭,但是她并没有因此手忙脚乱失去平衡。所以她取得了所有职业女性都羡慕的成绩,家庭和事业两不误。

很多人在忙碌中丢失了爱情,很多人在爱情中迷失了工作,这样一个并不好做的选择题,需要你的睿智。

卡耐基的夫人桃乐丝认为,工作与爱情,并不是死敌,孰轻孰重,你需要学会掌握一个度,不要让忙碌侵蚀了爱情,也别沉迷于爱情而荒废了自己的工作。

7.做好"小厨娘",给家人最好的营养

> 一个漂亮的女人给人一种赏心悦目的视觉效果,而能烧出一桌好菜的女人则能给人一种贴心的享受,那种美包揽了人的视觉、嗅觉和味觉。
>
> ——卡耐基

古往今来,评价女人是否是贤妻良母的基本标准,就是能否做上一桌好菜。每个男人也都希望能找到一个温柔贤惠的妻子,希望

能够在下班回到家后，妻子已经给疲惫不堪的自己准备好一桌热乎乎的饭菜，那样才有家的感觉。一个女人的细心和体贴最能打动男人，寒冷的冬天，给爱人熬一锅热汤；明媚的清晨给家人准备一份营养丰富的早餐，不要小看这些爱的小动作，它会成为让男人想念家的理由。

恋爱的时候也许男人会在爱的蛊惑下自告奋勇地说："别怕，亲爱的，我做给你吃，我是娶老婆，不是找保姆。"很多女人相信了男人的信誓旦旦。也许在刚刚结婚的时候，男人还会履行他的誓言，但是，随着婚姻生活的日趋平淡，男人也跟着慢慢地厌倦。于是，有了一个又一个在外面乐不思蜀的男人和在家里抱怨男人不回家的女人。

所以，当你在抱怨男人的时候，你是否反省过自己，是什么原因让男人忘记了回家的路？

阿强是一个出租车司机，他的老婆阿秀是一个幼儿园老师，两人结婚五年，孩子三岁，生活虽然不是很富裕，但是，小日子过得是有滋有味。

阿秀温柔贤惠，是个标准好妻子。不但有娴熟的炒菜技艺，还深深地领悟了炒菜的精髓，她很用心地为丈夫做着每一道菜，还不断地向邻居学习，翻新花样，对老公最爱吃的几道菜更是反复琢磨、反复锤炼，直至炉火纯青。这让阿强在人前人后无不自豪，每次当其他的哥们邀他一起在外撮一顿的时候，他都会说："山珍海味、宫廷御宴也没有我老婆做的菜好吃，一顿不吃我都想得慌，你们去吧，我老婆还在家等着我呢。"

由于阿强工作的原因，常常半夜才回家，每次不管是多晚，阿秀都要等他回家，然后给他端上可口的饭菜。每当这个时候，阿强的心里就会暖暖的，感觉自己无论多辛苦，为了这个家都值得。

这天，阿强又是半夜才回家，开门之后看见阿秀坐在那打瞌睡，听到开门声才醒过来。看见阿强回家了，阿秀睡意全无，赶紧端出热腾腾的饭菜，催促阿强赶紧吃。

阿强看见辛苦了一天的老婆，晚上还要熬夜等自己回家，都有黑眼圈儿了，他不由得一阵心疼。

"阿秀，以后你不用等我回家了，早点睡，我回家之后自己将菜热热就好了。"阿强边吃饭边跟老婆说。

"你？你只会图省事吃冷的。你天天这么辛苦，不说吃得多好，总要吃得热乎乎的呀，我每天在幼儿园工作也轻松，没事的。"阿秀说。

"你啊……"阿强知道拗不过老婆，无奈地摇了摇头，但是，脸上却挂着幸福与满足。

的确，像阿秀这样的妻子，没有男人不喜欢。娶妻当娶贤。婚前，女孩子可以尽情地挥霍自己的青春，婚后就要学着做菜了。我们可以试着想一想这样的场景，当他的朋友来到家中，你不费吹灰之力就能做出一大桌子的好菜，并温柔地对大家说："这些都是他爱吃我才学着做的。"当听到这样的话，男人除了感动还是感动，你的举动不但让他感受到了你浓浓的情谊，还让他在朋友面前很有面子。

很多时候，因为工作繁忙，我们习惯了吃快餐，下馆子……在方便的同时，却总感觉少了一点人情味，少了一点温暖。因此女人可以试着学几道私房菜。可以从电视中的美食栏目和一些书籍中学做几道菜，做出自己的味道，令男人更难忘，也会让家里更温暖。

晓雅刚认识石峰那会儿，为了显示自己的厨艺，她为石峰做了几道菜，其中有一道菜是"泥鳅炖豆腐"。后来，石峰对她说，自从他吃了晓雅做的那道"泥鳅炖豆腐"后，就想将来能娶她为妻该多好啊！于是在婚后，晓雅每隔几天就做一次这道菜。

其实，那道菜虽然简单，但晓雅做得却是极有味道，且色香味俱全，显然是花了一份心思在里面的。

对于做菜，晓雅倒是天生的有些灵性。在外面吃饭点菜时，如果点了晓雅感兴趣而又不会做的菜，她会千方百计找到人家的厨房，向厨师们学习一番，然后回家好好研究，再做给石峰吃。她最喜欢看到石峰享受美食后那种赞赏的笑容。

不管晓雅做的菜别人吃来是不是美味，石峰总是会在和朋友们吃饭时很骄傲地对他们说："有时间去我家做客，我老婆做的菜不错，这一辈子我是享尽了美食。"晓雅能想得到石峰说那话时脸上幸福的神情，也能体会到石峰说那话时的骄傲和得意。

卡耐基的夫人桃乐丝说，女人有自己的几道独特的私房菜，不仅会让自己的生活更有质量，也会让自己更有气质。因此，女人不要怕因为做饭而弄脏了自己白皙的双手。真正有气质的女人，不会介意厨房的油烟味。我们都是凡人，生活免不了一日三餐。幸福的家庭、美满的婚姻就在这一日三餐里。真正的爱情是要和你最爱的人一起做饭、一起吃饭。你无需是大师级的厨师，也不需要把每道菜都做得非常精致，只要能把一道汤、一道菜做好，做到他的心里去，那就行了。

第八章

人生不为谁止步，
创造自己的光环

1.有梦想，谁都了不起

> 世界上最幸福的事情是，彻彻底底地了解
> 自己的人生追求和梦想，并依托自己天生的才
> 华，让自己的梦想得到实现，让自己的才华得
> 到彰显。
>
> ——卡耐基

有位哲人说："离开了梦想，任何人都算不了什么；而有了梦想，任何人都不可以小觑。"梦想可以让一个女孩积极努力地过好每一天，让她的人生充满活力。没有梦想，人们也就不会为达成目标而努力，也就不会有日后光彩夺目的成就。

卡耐基认为，无论我们身处怎样的环境，只要心中的梦想不灭，我们就能在生活中释放出自己的激情，将短暂的一生过得富有意义。

一个人的梦想即便看起来是那么不可思议，但只要坚持下去，总有一天，他会达成自己的目标。

梦想是生活的一部分，可能它无法带来财富，也不能带来名誉，但它会带给我们快乐和充实。

在人生的旅途中，我们会带许多的东西，有的或许一不留神就被忘了，有的或许走着走着就丢了。可有一件东西，女人始终要把它放在重要的位置，好好守护，那就是梦想。一个拥有梦想的女人，从不屈尊于生活，从不为任何人止步，她会给梦想插上一对翅

膀，任由它带着自己穿越荒野、穿越海洋。纵然是平凡的女子，在梦想的照耀下，也会散发出动人的光芒。

她出生在一个小县城里，父母做大米生意。她的童年在无忧无虑中度过。20岁时，她像当地其他普通的女子一样，在父母的包办下结婚嫁人。然而结婚半年后，她发现丈夫是个无赖，于是她选择了离婚。

后来，她遇到一个厨师，两人很快相爱结婚，开始了一段温馨的婚姻生活。丈夫去世后，她一直独居。

她年轻的时候喜欢文学、爱好阅读，读书满足了她的精神需求，让她的独居生活不再乏味。五六十岁时，她又开始爱上了舞蹈，这让她拥有了健康的身体，年龄对她来说只是个数字。

她很爱美，即使是一个人生活，她也让自己过得有声有色。口红和镜子时刻放在身边，即使某天不打算出门，她早晨也会化上淡淡的妆。

92岁那年，她跳舞扭伤了腰。看她心情特别郁闷，儿子建议她写诗。这也正好是她年轻时的梦想之一，儿子的建议给了她很大的鼓励。没想到，她写的诗歌居然在报刊上发表了，这又给她增加了不少的动力。她开始不停地写诗，也不停地发表。

2009年秋天，已经是98岁高龄的她出版了处女作诗集《别灰心》。诗集的销量在当年就超过150万册。2010年，这本诗集进入日本年度畅销书籍前十名。她创造了日本诗歌书籍出版的神话，因为日本的诗歌书籍的印量一般只有几百本。

她的诗歌像阳光一样温暖，以情爱、梦想和希望为题材，因为她写诗时是怀着快乐的心情的，因此连诗歌都充满了激情。

2011年年初，她又出版了第二本诗集《百岁》，销量依然惊人。当记者问她："您没有意识到自己100岁了吗？"她笑着说：

"写诗时没有在意自己的年龄。看到写好的书，才知道自己已经100岁了。"

她就是这样乐观。一个人耳闻目睹了人间的许多悲喜剧，独自生活了二十多年，眼睁睁地看着自己接近死亡，依旧充满希望。她的名字叫柴内丰，一个有写诗梦想的平常老婆婆。90岁之前，她默默无闻；90岁之后，她却取得了辉煌的成就。

没有人能够改变一个人的梦想，也没有人能阻止一个人的梦想，除非这个人自己放弃。不论外部的环境怎样，有没有实现这个梦想的平台，梦想最终没有实现的主要原因都是自己把自己的梦想丢掉了。半途而废是由于自己对自己在实现梦想过程中所遭遇的困难产生了厌倦，是由于自己没有坚定信念，没有能够为了目标坚持努力。

她跟他恋爱时，周围人都唏嘘不已。走在校园里，她的倩影不知迷住了多少人的目光。不只是因为她的美丽，还因为她的才华。每次在校园文艺演出时，她的小提琴演奏都会成为众人期盼的节目。不仅如此，因为母亲是驻英大使馆的秘书，她还精通英语，并熟悉西班牙语。这样一个多才多艺的美丽女人，简直就是男人追捧、女人羡慕的焦点。可她，却跟一个看似平庸的小子走在了一起。

她爱得很坚决。毕业两年后，他们结婚了。丈夫进了一家外企，她则到电视台做编导。不过，她对眼下的工作并不是很满意，她想做的是播音主持。很快，她等到了一个机会，台里下发通知，要选拔地方晚间新闻的主持人。得知这个消息，她激动了半天。

可就在她充满期待时，问题又来了。丈夫在工作上表现不凡，被派到广州总部做主管。两个选择摆在眼前，要么为了丈夫同去广州，要么为了自己的梦想坚守"阵地"。

丈夫劝她跟自己一起去广州，他说广州是个国际化大都市，发展机会多，她还这么年轻，又这么有能力，肯定能找到更合适、更有前途的工作。

她那么爱他，何尝不想每天见到他？于是，她听了丈夫的话，递交了辞职信。同事和领导让她谨慎考虑，可想到两地分居的苦，她还是毅然决然地辞职了。

广州的生活，她并不是很适应。除了丈夫，她只有几个不算很熟悉的朋友在那里。她觉得自己很没有归属感，就像是进入了一个封闭的世界。广州招聘电视台编导的工作机会，根本没有当初丈夫说得那么多，一些大的文化公司也因为当时的经济情况在裁员，工作一点儿都不好找。无奈之下，她只好先在家里做全职太太。

时间久了，她也习惯了懒散的日子，原来的斗志渐渐被磨没了。长时间没有工作，她也有点害怕工作的劳累和辛苦，害怕职场里复杂的人际关系。闲散和安逸打败了她的梦想，把她变成了丈夫的"保姆"。她心里并不太喜欢这样的感觉，可又不知道该怎样改变才好。丈夫平步青云，间接地给她造成了很大的心理落差，虽然丈夫没责怪自己什么，可她总是觉得，丈夫现在对自己的看法，和以前不太一样了。

至于那个做女主播的梦想，从来广州的那天开始，就已经被她丢弃了。

一个女人的价值在哪儿？是拥有一份美好的爱情，还是为了家庭不停地付出？不，都不是。女人的价值，体现在她对于自身梦想的追求上。女人的梦想，会随着时间的推移和阅历的增加而改变。年轻的女孩有诸多的梦想，憧憬着各种童话般的美好；成熟的女人，看待事情往往更现实。正因为如此，她们追寻梦想的激情也就减退了，把自己置身于工作和家庭中，忽略了自己该朝着哪个方向走。

卡耐基的夫人桃乐丝说，你不是谁的附属品，你不该为了家庭和爱人牺牲、放弃自己的梦想，轻易地向生活妥协。因为，丢了梦想的女人，就像是失去光芒的钻石。如果说世界的美丽是十分，若少了梦想的点缀，就只剩下三分。

曾有人说，女人可以没有美好的生活，却不能没有美好的梦想。就算梦想没有实现，可追求梦想的过程也丰富了岁月。梦想是女人成长的持久动力，好好爱自己，润色一下自己曾经的梦想，别让生活的琐碎打破你的那个美丽的梦。有梦想，人生处处都是舞台。

2.停下来，先为你的人生做个规划吧

从现在开始，请为我们的人生做出一个合理的规划，为生命的每一天都列出一个清单，并努力踏着你的规划向前。相信这样，你永远不会感到迷惘，最终也能收获到梦想的果实，获得有意义、快乐的人生！

——卡耐基

卡耐基的夫人桃乐丝非常认同卡耐基的一句话，平庸与非凡的最大区别就是我们对自己要做的事有没有一个清晰的规划。我们的

人生就像是一粒一粒的沙子，没有计划的人生，就如一盘散沙。为了使人生更美好，我们必须做好精心的规划。

一个冬夜的傍晚时分，父亲坐在火炉旁为他的女儿讲故事。父亲看着7岁的女儿，慈祥地说道："世界上共有四种马：第一种是绝等的良马，主人为它配上马鞍，套上辔头后，它奔跑的速度快如流星，能够日行千里。尤其可贵的是，当主人一扬起鞭子，它只要见到鞭影，便能够知晓主人的心意，迅速缓急，前进后退，都能够揣度得恰到好处。这就是深受世人称赞的能够明察秋毫的一等良马。"

"还有一种马也是好马，当主人的鞭子抽过来的时候，它看到举起的鞭影，不能马上警觉。等到鞭子扫到了它尾巴的毛端时，它才能够知晓主人的意思，便会马上向前奔驰飞跃。这也可以算得上是反应灵敏、矫健善走的好马。"

"第三种则是一种庸马，不论主人多少次扬起鞭子，它看到扬起的鞭影，不但不能迅速地做出反应，甚至等皮鞭如雨点般地抽打在它的皮毛上，它都无动于衷，反应极为迟钝。等到主人鞭棍交加，将皮鞭落到它的肉躯上时，它才能够察觉到，然后才会顺着主人的命令向前奔跑。这是后知后觉的庸马。"

"第四种则是一种驽马，当主人扬起手鞭之时，它视若无睹，即便是将鞭棍抽打在它的皮肉上，它也仍旧毫无知觉，直至主人盛怒至极，它才能如梦初醒，放足狂奔。这种马是愚劣无知的驽马，因为它的冥顽不化，最终不受人喜爱！"

父亲将话说到这里，突然就停顿下来，用极为柔和的眼光看着女儿，告诉她说，这四种马就分别对应的是四种不同的人生。第一种人看到自然无常变异的现象、生命陨落的情况，便能够悚然警惕，奋起直进，努力去创造一个崭新的世界。第二种人看到世间的变化无常，看到生命的大起大落，也能够及时地鞭策自己，从不懈怠。第三种人则是等看到自己的亲友经历、看到颠沛流离的人生、经历过死亡的煎熬后，非要等到亲尝鞭杖的切肤之痛后，方能幡然大悟。第四种是当自己病魔缠身风烛残年的时候，才悔恨当初没有及时努力，在世上空走了一趟。第四种马，非要受到彻骨的剧痛后，才知道奔跑，然而，一切却都已经晚了！

四种马代表了四种不同的人生，我们要想不让自己沦落到第四种马的悲惨结局，就要及早地为自己的人生做一个规划，这样才能时刻激发自己不断前进，不至于在一切都结束的时候，才去懊悔人生的虚度！在生活中，有些女人在前进的道路上步步向前，极为充实；而有的女人则止于中途，使心灵陷入迷惘。其主要原因就在于，后者没有为自己的生命做好一个规划。

很多人提起杨澜时，都说她太幸运了。从著名节目主持人到制片人，从传媒界到商界，杨澜一次次成功实现了她人生的转型。

杨澜是幸运的，但这种幸运，并非人人都有，也不是人人都能驾驭的。它需要睿智的眼光、独到的操控能力，是经历累积到一定程度厚积薄发而来。就像杨澜自己说的那样："一次幸运并不可能带给一个人一辈子好运，人生还需要你自己来规划。"

杨澜在成为央视节目主持人以前，是北京外语学院的一名大学生。一开始的时候，杨澜常常因为听力课听不懂而特别沮丧，也因此有些自卑，直到后来她的听力水平有了很大的提高后，才逐渐恢复了自信。

1990年2月，杨澜应聘中央电视台《正大综艺》节目的主持人，她以镇定大方的台风、自然清新的风格及出众的才气从众多应聘者中逐渐脱颖而出。然而，由于她貌不出众，在第六次试镜时还只是在"被考虑范围之列"。杨澜得知这一结果后,果断地去找导演,她反问导演:"为什么非得要找一个漂亮的女主持人?是不是一出场就是给男主持人作陪衬的?其实女性也可以很有头脑,所以如果能够有机会的话,我就希望做一个聪明的主持人。"最后,她对导演说:"我不是很漂亮,但我很有气质。"

导演被杨澜的这些话打动了。杨澜成功当选为《正大综艺》节目的主持人。她在这份工作中不仅开阔了眼界,还确定了自己未来的发展方向——做一名真正的传媒人。

1994年,杨澜在主持方面已经取得了不小的成就,正当人们都对她羡慕不已的时候,杨澜却急流勇退,毅然辞去央视的工作,放弃当前所拥有的一切,去美国留学。

她所放弃的不仅仅是自己的工作,还有触手可及的未来。

杨澜在美国哥伦比亚大学国际传媒专业就读期间,利用自己的业余时间与上海东方电视台联合制作了一个关于美国政治、经济、社会和文化的专题节目——《杨澜视线》,这是杨澜第一次以独立的眼光看世界。在这个节目中,杨澜同时担任策划、制片、撰稿和主持的角色。后来,40集的《杨澜视线》被发行到国内52个省市电视台,杨澜也完成了从一个娱乐节目主持人向复合型传媒人才的过渡。

毕业回国后,杨澜加入了当时刚刚成立的凤凰卫视中文台。1998年1月,《杨澜工作室》正式开播。

在凤凰卫视,她不只是主持人,还是《杨澜工作室》的当家人,选题由她自己负责,工作组的预算、开支也需要她精打细算。这对杨澜来说是一个非常好的锻炼,使她逐渐能够在最低的经费条件下,把节目尽量制作得更好。

在凤凰卫视工作的两年时间里,杨澜在积累各方面的经验和资本的同时也为自己开拓了未来的发展空间。在这两年中,杨澜一共采访了120多位名人。与来自不同行业、不同背景的嘉宾交流，一方面让她的信息量获得极大地丰富，另一方面也使她获得了巨大的精神收益。

经过几年的积累，杨澜拥有了世界级的知名度、多年的传媒工作经验，以及重量级的名人关系资源。

从凤凰卫视退出之后，杨澜曾一度沉寂。第二年春天，她突然收购了良记集团，并将其更名为阳光文化网络电视控股有限公司，准备打造一个阳光文化传媒帝国。对传媒资源驾轻就熟的运用，使得杨澜的阳光卫视一"出生"就有了许多优势。

但公司成立不久就遇到了全球经济不景气，杨澜面临着巨大的压力。她几乎天天都想着公司的经营。她将公司的成本削减了差不多一半，同时还将自己的工资减了40%，并逐渐剥离了亏损严重的卫星电视与报纸出版业务。后来，阳光文化传媒公司又进军网络业，并开创了网络和电视相结合的时代。

2003财政年度，阳光文化传媒公司摆脱了近两年的亏损，实现了盈利。之后，阳光文化正式更名为阳光体育，杨澜却在这时宣布辞去董事局主席的职务，重回文化圈，全身心地投入到了文化电视节目的制作中。这一次转型，又令人耳目一新。

对自己的转型历程，杨澜说："在各种角色不断转换过程中，我就是想看看自己到底能飞多高。做好主持人之后，就想做好制片人；做好制片人之后，就想做传媒公司。这还不够，我还想做一个好母亲、好太太、好女儿。"

我们自从来到这个世界上，一生都是在赶路，而路时刻就在自己的脚下不断向前延伸。只有知道方向的人，才能在人生空间的坐标中找准自己的位置，才知道自己为何要向那个方向前进。而不清楚方向的人，则永远不知晓自己的具体位置，不知道未来要去向何方，更不知道自己存在的意义。

卡耐基说过，我非常相信，及时地为自己的人生做个规划，是获得心理平静的最大的秘密，因为我心中时刻充满了信念。而我也相信，只要我们能制定出个人规划来，什么样的事情都是值得我去做的。并且我能够清楚地知道自己的下一步该去做什么，我需要过一种什么样的生活。如此一来，至少可以消除掉我50%的忧虑！

这种说法就像我们登山一样，如果是一条我们曾经走过的熟悉的道路，或者我们在出发之前仔细阅读过地图，便可以知道前面有一些什么，知道再走几百米就可以休息，再走多远就有一处美丽的风景，这样有规划地走起来，会觉得自己的全身都充满了力量。如果我们的前面是一条完全陌生的路，那么，我们可能走几十米就会感到气喘吁吁，最终把自己累得苦不堪言。

3.热情是最好的精神气场

> 一个对工作充满激情的人，无论面对什么困难，无论前途看起来是多么的暗淡，他们总是有足够的信心把心目中的愿景变成现实。
>
> ——卡耐基

黑格尔说过，没有热情，世界上没有一件伟大的事能完成。

热情是一种积极向上的精神力量。如果没有热情，军队就不会打胜仗，音乐就不能动人心扉，诗歌就没有灵魂……当你工作不知为何时，你便会缺乏工作积极性，丧失前进的方向。只有当你充分认识到工作的价值和重要性，真心地喜欢这份工作并为之付出极大的热情，你才能够在工作中发挥最大潜能，不断自我创造和发展，在实现自我价值的过程中收获快乐。

卡耐基认为，只有热爱工作才能有激情，才能有动力，才能取得好成绩，而且你对自己的工作越热爱，决心越大，工作效率也就会越高。

芬和丽都是某外贸公司的内勤部职员，受金融危机的影响，公司决定裁员，她们都没能逃脱这一厄运。公司规定，她们要在一个月之后离岗，听到这个消息时，她们的眼圈都红了。

第二天早上，芬的情绪仍然很激动，同事和她打招呼她爱答不理，说话也总是"带刺"，什么事都提不起劲去做。她不敢直接找老板去发泄，只能和办公室主任与同事发牢骚："我做错什么了？凭什么把我裁掉……""这对我不公平……"她声泪俱下的样子，惹得周围的人心生同情，但无论大家怎样劝慰她，也没有用。一天下来，她只顾着到处申冤诉苦，连自己的本职工作都忘了。原先芬在公司很有人缘，可现在的她整天愤愤不平，同事们不再像以前那样喜欢和她接触了，甚至有点讨厌她。

而丽在看到裁员名单后，尽管回到家哭了一个晚上，但是第二天上班的时候，她表现得和以往没有什么区别。同事不好意思再吩咐她做什么，但她却主动揽活，面对大家同情而惋惜的目光，她总是淡然一笑，说自己想站好最后一班岗。每天上班期间，她仍旧勤快地打字复印、随叫随到，力求做好自己的分内事。

一个月的时间很快就到了，芬如期下岗，而丽却被从裁员名单中删除了。主任在办公室里向所有同事传达了老总的话："王丽知道自己快下岗了，对工作的热情依然不减，热情是最好的精神气场，只有这样才能做好每一个工作，王丽的岗位，谁也无可替代！像她这样的员工，公司永远都不嫌多！"

卡耐基的夫人桃乐丝告诫大家，只有对工作倾注自己的热情和专注，才能让自己克服任何困难，才能不断地激励自己，时刻充满热情地去面对每一次挑战，从而为自己的人生谱写更加美丽的篇章。

聪明的女人懂得，长久的工作热情源于自身的不懈努力。全心全意做好自己的本职工作，工作出色了，有了业绩，自然会产生成就感和优越感，也就有了工作的动力。工作做好了，还会赢得别人的尊重，也能更上一层楼。

1883年8月19日，法国的卢瓦尔河畔的索米尔小镇，香奈儿出生了。香奈儿12岁时，母亲去世了，香奈儿在孤儿院度过了少年的黯淡时光。17岁，她来到另一个小镇，进入了修道院。在当时的法国，妇女的地位是低下的，一个女孩要想在社会上生存，是非常艰难的。孤儿院的生活使她明白，高超的针织手艺对于女性而言非常重要，她可以通过针线活来养活自己。于是，18岁那年，她就到一家商店做助理缝纫师。

香奈儿的卑微出身和早年生活给她的服装理念打上了深刻的烙印。周围的成年妇女穿的工作服使她相信，妇女需要的不是繁琐的装扮，而是适合她们日益活跃生活方式的宽松舒适的衣衫。香奈儿认为："女人为造成她们举止不便的服饰所束缚，从而被迫依赖于仆人和男人。"孤儿院穷苦的生活渗入她的设计风格：朴素端庄、简明大方。

她开始设计黑帽，白色短衫，领口系雅致的黑领结，简单素洁的短上衣。同时，在她工作的小镇，有许多驻兵，尤其是那些朝气蓬勃的骑兵制服给她留下了深刻的印象，这无疑也成为此后几十年里著名的镶边服装的灵感来源。20多岁时，香奈儿遇上了富有的骑士卡佩尔，1908年，在这个人的资助下，香奈儿开了第一家帽子店，她的帽子宽大实用，受到了许多妇女的欢迎。

1912年，趁热打铁的香奈儿又在法国上流社会的度假胜地——诺曼底海边小城开了自己的第一家服装店。很快，她极富个性的运动衫、开领衬衫、短裙、男式雨衣受到了时髦女郎的注意。不仅如此，为了扩大宣传，香奈儿让自己的姐姐穿上自己设计的新式服装，到城里最繁华的地方吸引妇女们的注意，这差不多是最早的一种广告形式了。香奈儿的事业越来越成功了。

1918年，香奈儿的亲密爱人卡佩尔因车祸遇难，但香奈儿依然坚强地发展自己的事业。1924年，她推出了著名的黑色小礼服，掀起了世界服饰的革命。她强调的是舒适性、方便性和实用性。在第一次世界大战期间，男士上战场，女性负起持家工作，职业妇女渐渐兴起，因此需要较实用的服装，香奈儿的服装正好符合这个趋势，她的事业也蓬勃发展。

第一次世界大战后她认为手工定做服装不适合大众需要，虽然手头持有约200位名女人的订单（包括伊丽莎白·泰勒、英格丽·褒曼），她还是决定投入成衣这个市场，这让香奈儿企业成为数一数二的服饰大企业。

香奈儿并没有满足自己取得的成绩，自1920年开始，香奈儿开始提倡整体形象。对她来说，一个女人不该只有玫瑰和铃兰的味道，香水会增添女性无穷的魅力。于是，她推出了"香奈儿5号香水。"这是第一支由服装设计大师推出的世纪经典香水。当著名的好莱坞影星玛丽莲·梦露用性感而充满磁性的声音对全世界说："夜里，我只'穿'香奈儿5号。"全世界都为之疯狂了。

卡耐基认为，工作热情并不是身外之物，也不是看不见摸不着的东西，它是一个人生存和发展的根本，是人自身潜在的财富。具体说来，工作热情是一种洋溢的情绪，是一种积极向上的态度，是对工作的热衷、执着和喜爱。它是一种力量，使人有能力解决最难的问题；是一种推动力，推动着人们不断前进；它具有一种带动力，能影响和带动周围更多的人热切地投身于工作之中。

所以，失去工作热情的女人一定要迅速清醒地认识到"培养较高的工作热情"的重要性和必要性，早日摒弃"浮躁、不求上进、茫然"的缺点，树立"积极、正确、乐观"的工作心态，争取在事业上有较快较好的发展，因为这是聪明女人的必备法门。

4.不要安于现状，人生需要不断地进步

> 人生如蚁，要活得前程锦绣，没有进取心，
> 只图安于现状是行不通的。
>
> ——卡耐基

很多求职者会存在这种想法，以为自己一旦被录用就"高枕无忧"了，而正是因为心态上的"自满"才导致了行动上的"迟缓"，所以我们时常会听到有人被"打道回府"的教训。而单位录用你，是因为他们发现你具备为公司创造财富的潜力，一旦你不思进取"吃老本"，其结果就可想而知。

在这个大多数职场女性还占劣势的时代，在这个充满竞争、瞬

息万变的社会，以前的铁饭碗早已不存在，需要靠个人的能力赢得属于自己的一席之地。然而，要想寻求更高品质的生活，必须有自己的职业计划，适时选择更适合自己的位置。

作为女人，在一个单位待久了，就容易陶醉其中，容易满足。再者，因为女人的性别关系，要把很多时间分配给家庭、老人和孩子，所以，很多女人总是拘泥于一个稳定的工作，有稳定的收入，于是就不求上进，没有进取心。

卡耐基的夫人桃乐丝说，聪明的女人是不会安于现状，守着自己的小格子的，而是要出去占领更多的地盘。聪明的女人一旦有好的机会，有更好的发展空间，就会不顾一切，勇于冒风险，勇于拼搏，打造一片属于自己的更广阔的天空。

敦煌网的创始人王树彤在小的时候被父亲当作男孩一样教育，不管是三九天还是三伏天，父亲都会喊她起来跑步，风雨无阻。"世上无难事，只要肯登攀"是父亲最常对王树彤说的一句话。

在父亲的严格教育下，王树彤在学校里不仅文化课成绩优秀，还是学校里的广播站站长、合唱团团长，也是学校的长跑冠军。

王树彤上小学的时候，基本上每次考试都是第二名，父亲有一次不解地问："那第一名是怎么做到的呢？"对于父亲的问题，王树彤不敢做出回答，只是在心里抱怨："谁让你们没有把我生得更聪明呢？"

但是抱怨之后，王树彤认识到，既然自己没有足够的聪明，那么想要出人头地，就要吃别人吃不了的苦，笨鸟先飞。正是因为一直抱着这样的态度，王树彤最终以优异的成绩考入北京电子工程学院。毕业后，她进入清华大学软件开发与研究中心任职。

工作两年后，王树彤发现，四平八稳一眼望得见未来的生活并不是她想要的。于是她决定从清华辞职，当她告诉父亲自己的决定时，父亲大发雷霆。但是父母的反对最终也没能改变王树彤的决定。

辞职后，王树彤到微软应聘总裁秘书的职位。虽然当时的微软还没有今天的规模，但王树彤却还是没有应聘成功。王树彤并没有因此而放弃，微软的拒绝反而激起了她不服输的劲头。王树彤给所有的微软面试官发电子邮件、打电话，向他们询问自己的不足。面试官们告诉她，她比较适合做销售而不是总裁秘书。事情就这样有了转机，王树彤不久后进入微软，从事销售工作。

在要求严格的微软公司，竞争也非常激烈。第一个星期，领导就对王树彤耸了耸肩，无奈地说："你没有达到我们的要求！"这是王树彤第一次被人当面否定，当时的她气愤得想要一走了之，可她转念一想，要是自己现在走了不就等于承认自己技不如人吗？于是她决定留下来，要走也要在得到大家的认可之后，光明正大地炒微软的鱿鱼。

为了把工作做好，她放弃了所有的休假，每天加班到晚上十一二点。王树彤不断提醒自己，笨鸟只有先飞才能和别人同时到达目的地。

在互联网这个男性化的行业，许多男性只要证明一次就可以的事，女性却要证明十次才能得到认同。有很长一段时间，王树彤的绩效考核都是接近满分，但当遇到有空缺可以升职时，公司却总是从其他地区调来人员填充该职位。

很多人都为王树彤打抱不平，劝她换一家待遇比较公平的公司。但是王树彤却坚持留了下来，她认为现在的不公平待遇或许是老板对自己的磨炼。

即使上司对市场的了解不如自己全面，她也没有表现出任何不满。王树彤始终记得那句话："天将降大任于斯人也，必先苦其心志，劳其筋骨。"

终于，王树彤用自己的出色能力得到了微软事业发展部总经理的职位。在微软工作了6年后，王树彤的业绩已十分突出，当时微软公司在中国的销售额中，有三分之一是王树彤领导的团队完成的。

此时，不甘于满足现状的王树彤希望找到新的挑战。之后，她加入思科公司，被任命为中国区市场营销部经理。当时的思科公司正处于发展的巅峰时期，是当时世界上市值最高的企业，而在思科中国公司的高管中，王树彤是唯一的女性，她所领导的团队被公司评为亚太地区最佳团队。之后，王树彤又加入卓越网，担任CEO，在她的领导下，卓越网成为中国最大的网上音像店之一。

2004年，王树彤创立了电子商务网站敦煌网，在创业第一年就实现了100万美元的交易额，第四年的上半年达到了近10亿美元的交易额。

一路走来，王树彤凭着自己的"野心"，创造了一个又一个奇迹。

在职场上，你可以选择维持"勉强说得过去"的工作状态，也可以选择卓越的工作状态，这取决于你是否有进取心。满足现状意味着退步，一个女人如果从来不为更高的目标做准备的话，那么她永远都不会超越自己，永远只能停留在自己原来的水平上，甚至会倒退。

在生活中，最悲惨的事情莫过于看到这样的情形：一些雄心勃勃的女人满怀希望地开始她们的"职业旅程"，却在半路上停了下来，满足于现有的工作状态，然后漫无目的地"消费"着人生。由于缺乏足够的进取心，她们在工作中没有付出100%的努力，也就很难有更好、更具建设性的想法或行动，最终只能做一个拿着中等薪水的普通职员。如果她们的薪水本来就不多，当她们放弃了追求"更好"的愿望时，工作会干得更差。只有不安于现状、追求完美、精益求精的女人，才会成为工作中的赢家。

因此，不管你在什么行业，不管你有什么样的技能，也不管你目前的薪水有多丰厚、职位有多高，你仍然应该告诉自己："要做进取者，我的位置应在更高处。"值得注意的是，这里的"位置"是指对自己的工作表现的评价和定位，而不仅限于职位或地位。

许多成功人士都指出，很多人的资质都比他们高，而那些人之所以没有在事业上取得辉煌的成就，就是因为他们缺乏足够的进取心。相反，杰出人物从不满足于现有的位置，随着不断的进步，他们的标准会越定越高；随着眼界的开阔，他们的进取心会逐渐增长。对于比尔·盖茨来说，如果说他仅仅希望开一个小公司赚点钱，那么他在20岁时就已经实现了这个目标；如果说成为世界上最有钱的人是他的最高理想的话，早在32岁的时候他就已经实现了这一目标。如果他没有不断超越自我的志向，他在年轻的时候就可以沉醉于自己已取得的成就而举步不前。

同样，在职场上，敢于追求，敢于打破常规，不守一席之地的女性，会不断自我充实，提升自己的知识和技能，时刻保持"充电"的状态。比如说学习外语与电脑，或选修管理、财会及对未来升级有益的课程。

当然，光会学习还不够，要想获得更大的进步，还必须要有步骤地策划未来。

俗话说得好："不想当将军的士兵不是好士兵。"作为一名现代女性，肯定会在心目中勾勒未来事业的美景，问题的关键就在于是否能真正地付诸实践。虽然敬业是员工必须具备的素质，但是我们应该注重工作带来的满足感及发展潜力。

比如从工作中，可以学到有关沟通、决策、处理事物等方面的能力。也许在当下我们对此的感觉还不是很明显，但随着时间的推延，这种优势会越发明显地表现出来，这也就是工作经验的积累给你带来的"无形财富"。同时，这也为你将来的发展做了一定的铺垫。因为你可以借助对行业及社会的了解，确定今后的发展方向。如果条件允许，最好列举出相关的步骤及问题，尽可能做到心中有数。待时机成熟时，寻求更好的出路和发展。

随着时代的发展，我们每个人都不能安于现状，否则就要被瞬息万变的社会所抛弃。职场女性，应时刻准备着，不断充实自己，让自己飞得更高、更远。

5.你的认真让整个世界为你喝彩

> 态度就是竞争力，积极的工作态度始终是你脱颖而出的砝码，拥有它，你将在竞争激烈的职场上走得更顺利。
>
> ——卡耐基

美国前教育部长威廉·贝内特曾说："工作是需要我们用生命去做的事。对于工作，我们又怎能去懈怠它、轻视它、践踏它呢？我们需要尽职尽责地去把它们做好。"

清醒地意识到自己的责任，并勇敢地承担责任，无论对于自己还是对于社会都是应该的，这是每一个人应尽的义务。任何时候，我们都不能放弃肩上的责任，不管从事什么工作，我们都需要尽职尽责。

许多年前，一个妙龄少女来到东京帝国酒店当服务员。这是她涉世之初的第一份工作，她很激动，同时也暗下决心：一定要好好干！然而令她想不到的是上司竟然安排她洗厕所！

洗厕所，说实话没人爱干。何况她从未干过粗重的活儿，细皮嫩肉，喜欢干净，干得了吗？洗厕所时在视觉上、嗅觉上以及体力上都会使她难以承受，心理暗示的作用更是使她忍受不了。当她用自己白皙细嫩的手拿着抹布伸向马桶时，胃里立马"造反"，翻江倒海，恶心得几乎要呕吐却又吐不出来，太难受了。而上司给定的任务是：必须把马桶抹洗得光洁如新！

她当然明白"光洁如新"的含义是什么，她当然更知道自己不适应洗厕所这一工作，真的难以实现"光洁如新"这一高标准的质量要求。因此，她陷入困惑、苦恼之中，也哭过鼻子。这时，她面临着这人生第一步怎样走下去的抉择：是继续干下去，还是另谋职业？继续干下去——太难了！另谋职业——知难而退？人生之路岂有退堂鼓可打？她不甘心就这样败下阵来，因为她想起了自己初来时曾下的决心：人生第一步一定要走好，马虎不得

正在她困惑的时候，同单位一位前辈及时地出现在她的面前，他帮她摆脱了困惑、苦恼，帮她迈好了这人生的第一步，更重要的是帮她认清了人生路应该如何走。但他并没有用空洞理论去说教，只是亲自做了个样子给她看了一遍。她看到他一遍遍地洗刷着马桶，直到马桶被洗得光洁如新，然后，他从马桶里盛了一杯水一饮而尽，没有丝毫勉强的表情。实际行动胜过万语千言。

她震惊了，从身体到灵魂都在震颤。她目瞪口呆，恍然大悟。她痛下决心："就算一生洗厕所，也要做一名洗厕所最出色的人！"

从此，她开始认真地洗刷厕所，她的工作质量也达到了那位前辈的高水平。为了检验自己的自信心，为了证实自己的工作质量，也为了强化自己的敬业心，她淡然地喝下了洗刷好的马桶里的水。

她很漂亮地迈好了人生的第一步，踏上了成功之路，开始了她

不断走向成功的人生历程。

几十年光阴一瞬而过，1998年她成为了日本最年轻的内阁成员。她的名字叫野田圣子。

无论从事什么行业，做什么工作，做好工作的前提和保障就是拥有一个敬业的态度，即用一种恭敬严肃的态度对待自己的工作，一心一意，认真负责，任劳任怨，精益求精。

卡耐基的夫人桃乐丝认为，敬业的工作态度是你在职场中最强的竞争力，是你在众人中脱颖而出的砝码，拥有它，秉持它，你将在竞争激烈的职场上走得更远、更顺利。

阿眉完成自考本科的学业之后，到一家外贸公司应聘，她中意的工作职位是经理秘书。但是事与愿违，阿眉被分配去做杂工，处理一些影印文件。尽管阿眉并不喜欢这项工作，但是考虑到生存压力大，工作难找，阿眉只好留了下来，并以积极的心态投入到这项自己并不喜欢的工作当中。

影印文件的工作十分枯燥，同事们有了需要影印的文件和资料后，就会将资料抱过来让阿眉影印，资料多的时候都摞成了一座小山。同事们将资料摞下来之后，随口将注意的地方说一遍便离开了。阿眉记忆力很好，对同事们的交代不需要记录便能够顺利完成工作，每次大家来取资料时，阿眉都报以甜甜的微笑。但是她对工作的努力，未能引起同事们的注意，同事们每次来取资料时，寒暄了几句就扬长而去。

有一次，经理急匆匆地拿着一份资料给阿眉影印，阿眉习惯性地仔细看了一遍，就在经理不耐烦地催促阿眉时，阿眉将自己发现的一处错误指给经理看，经理看过后吓出一身冷汗，因为阿眉的细心和认真，为公司挽回了500万元的损失。

　　这一下，阿眉立了大功，自然受到经理的重视，并对她委以重任，让她担任自己的秘书。阿眉终于坐到了自己梦寐以求的位子。有了阿眉的例子，后来在公司的例会上，经理说道："简单事，重复做，需要足够的耐心，更要具备过人的敏锐，才能抓住属于自己的机会。"这话显然是在夸奖细心认真的阿眉。

　　一位伟人曾说，人生所有的履历，都必须排在勇于负责的精神之后。责任是使命，责任是动力，一个具有强烈事业心、责任感，对工作高度负责的人，才可能有强烈的使命感和强大的内在动力，才能做好本职工作，才能勇于担当。

　　微软公司刚成立的时候，公司里基本上都是些年轻人。搞业务、搞推销的工作，年轻人都很在行，但是做起内务、管理方面的杂事，这些人却不太在行。所以，盖茨想要招一个秘书帮助自己处理这些事情。

　　当时很多人应聘，但是盖茨看了应聘资料连连摇头。"难道就没有比这些人更合适的人选了？"盖茨问伍德。伍德犹豫了一下，拿出一份资料递给盖茨。"这位女士做过文秘、档案管理和会计员等不少后勤工作，只是她年纪太大。又有家庭拖累，恐怕……"

　　不等伍德说完，比尔·盖茨已经看完了那份资料，说："只要她能胜任工作就行。"就这样，露宝加入了微软公司。虽然年纪大了，而且还有许多家庭中的琐事要去对付，露宝还是以一个成熟女性特有的缜密与周到，尽职尽责地做着自己的工作。露宝把微软公司看成一个大家庭，她对公司的每个员工，对公司里的每一件琐事都非常用心。没过多久，露宝成了微软公司的后勤总管，负责发放工资、记账、接订单、采购等工作。

　　几年之后，露宝成为了微软公司的重要人物。她的出现，给微软带来了凝聚力，盖茨和其他员工对露宝非常信赖。这全是因为她是个有责任心的人。

卡耐基曾经说过，很多时候，一个女人成功与否是与崇高的责任感、使命感联系在一起的。一个成功的女人，不仅是在顺境中能够承担起较大的责任，更重要的是在风险或危机来临时，有勇气站出来，单独扛起更大的责任。

有人说男人的责任重大，事实上女人肩上也担负着很多责任，对工作、对家庭、对亲人、对朋友，都有一定的责任。正因为存在这样或那样的责任，对自己的行为才有所约束。社会学家戴维斯说，放弃了自己对社会的责任，就意味着放弃自身在这个社会中更好的生存机会。

工作是一个女人体现责任感的最佳场所。每一个职位所规定的工作内容就是一份责任。你做了这份工作就应该担负起这份责任。每个女人都应该对所担负的责任充满责任感。女人责任感的强弱决定了她对待工作是尽心尽责还是浑浑噩噩，而这又决定了她做事的好坏。

6.女要嫁对郎，更要入对行

> 一个女人要想活得潇洒，拥有幸福的生活，获得成功，就不能浑浑噩噩地过日子，得保持清醒的头脑，要有自己的目标，这样才不至于在人生的跑道上迷失自己的方向。
>
> ——卡耐基

富兰克林曾说："有一技之长的人才不会失业。"兴趣在工作中能带给我们幸福感和强大的驱动力。对于自己感兴趣的事情，适合自己的事情，我们做起来通常很卖力，即使很辛苦，也愿意付出；而对于那些不喜欢做的事情，即使给予的物质回报再高，也不会有多大的工作热情。

在工作中，一个人的兴趣一旦被激发，他会伴随愉快的情绪和主动的意志去努力，去积极地认识事物；反之，一个人整天都带着抵触的情绪从事他的工作，那他的工作永远也做不好。

因此，兴趣对女人的事业具有无可替代的促进作用。当你选择自己不喜欢的工作时，就等于用自己的弱点、缺点去与别人竞争。这样的话，你的意志力和热情都会在这种工作中消失殆尽。这就是对自己定位错误造成的。

卡耐基的夫人桃乐丝曾经说过，很多女人一生的失败和不快乐都是因为自己入错了行，或是选择了一份和自己性格兴趣不相称的工作，有的人甚至为了短暂的物质利益而宁愿将自己锁定在狭隘的工作中受苦，结果浪费了自己的青春，限制了自己的才智，消磨了自己的意志，永远也体会不到胜利后的喜悦之情。

年轻的赵婷，活泼开朗，打扮时髦。工作三年，却换了不止三份工作，她觉得每份工作都不适合自己，自己都不喜欢，并且对自己的未来充满了焦虑。

她在大学选专业的时候依从了父母的意愿，父母认为女孩子就应该找个轻松、稳定的工作，加上她自己成绩平平，所以选择了文秘专业。毕业后，因为专业的限定，她找了一份文秘工作，但发现自己对这份工作丝毫没有兴趣。她的工作任务每天都是重复地接听电话、管理办公用品、定会议室等，既激不起她的工作热情，也没有成就感。因此，不到三个月，她就辞掉了工作。

随后，她到一个商贸公司做经理助理。赵婷原以为这次的工作会更商业化一点，更有挑战性，但没想到，做了几个月，感觉和第一份工作仍然差不多，这让她对自己的能力和前途失去了信心。她的理想原本是做一份能体现自己个人价值，并值得自己努力奋斗的工作，她很羡慕周围那些为了工作废寝忘食、不断创造成就的朋友。

在换了几份工作后，有一个长辈建议她彻底转换行业和工作岗位。因为她性格外向，善于和人打交道，而且好胜心较强，于是，她去应聘销售工作，因为销售工作很锻炼人，不仅能让她体会到竞争胜利后的成就感，还能磨炼她的意志，让她更好地成长。

经过努力，她终于在一家营销企业做起了销售代表。她开始积累自己的客户资源，在竞争中，她也学到了很多东西，虽然压力很大，有时也很辛苦，但是她对自己的成功非常期待。特别是每当拿到公司奖励的红包时，心里都有一种说不出的喜悦感。她善于交际，加上做事有魄力，很快就被升为产品区域经理。现在的这种成就是她以前从来没有想到过的。

一份适合自己的工作，能不断提升自我，挖掘自己的潜力。除了兴趣之外，还要考虑到个人是否具备基本的职业素质，比如你的性格是否与工作相匹配，是否有相应的工作能力等。要想成功，你的职业就必须符合你的性格和兴趣，只有这三者处于和谐的状态，你才有可能实现自己的目标。

学旅游管理的小玮，大学毕业之后进入了一家公司做助理，平淡而乏味的日子一直让小玮烦恼不已。可是因为所学专业限制，即使跳槽也很难找到一份令自己满意的工作。

小玮有几个做IT的朋友,在与他们的接触中,小玮发现,虽然他们工作得非常辛苦,但是每一天都过得非常充实,而且薪水也颇高。于是,她决定选择一家计算机学校,学习编程。

身边的很多朋友都觉得她疯了,纷纷劝她:IT行业是男人的天地,而且你还是半路出家,跟那些科班出身的人是没法比的。

但是,她十分有个性地回敬一句:"男人是人,女人也是人。凭什么他们能成,我就不成?"虽然话说得容易,但真正学起来却是十分辛苦的。

为了能够学好编程,小玮选了一家非常知名的计算机学校,辞去了专职工作,开始找一些不影响学习的兼职工作。

艰难的学习生涯,小玮终于咬牙挺了过去,但是走出学校的小玮将面临自己的第二次择业。

虽然她拥有良好的技术,但是没有相关专业的学历证书,这给她带来了不少麻烦。她明白此时既不能退缩,也不能退而求其次,因为计算机技术折旧非常快,如果自己这两年的所学,不能及时应用到工作之中,这些知识将很快变为"垃圾",自己的努力和辛苦也将付诸东流。

正处于苦闷之中的小玮,接到了一个面试电话。这个电话犹如救命稻草,让她欣喜若狂,但是对方接下来的话,又把她打入了"冷宫"。

"你就是夏玮?我看名字还以为是个男生呢?唉,既然是个女生,我们不打算招了。"

小玮听了很气愤,但是如果失去这次机会,不知道什么时候才能碰上。她压住怒气,急忙说:"请先别挂电话,我虽然是个女生,但是这份工作是论能力,而不是分男女的,我想我有能力胜任这份工作。你们不应该因为我是女生,就连展示的机会都不给我。

我希望你们能够看一下我制作的案例，再来评判我行不行。"

对方大概被她诚恳而坚定的语气所打动，让她一周后带自己的案例去面试。两周后，小玮顺利地得到了这份工作。

人们常说："男怕入错行，女怕嫁错郎。"其实，现代社会，女人不仅怕嫁错郎，也怕入错行。一旦入错行，继续做下去是一种痛苦、转行也是一种痛苦。那转行之难、转行之苦、转行之无奈、转行之浪费，将裂变成千百个问题，横亘在人生路上。更何况时光一去不复返，人生又有多少光阴可以重来？女人又有多少青春可以这样重置？所以，在你离开学校走向社会之初，你就要有为之奋斗的准确方向，有要实现的目标，有要出发的航线。

7.你待工作如初恋，工作还你成功梦

> 天堂和地狱有时只在于人的一念之间。如果你把工作当成一种享受，那么你的人生就是天堂；如果你把工作当成一种劳役，那么人生就是地狱。
>
> ——卡耐基

在现实生活中，有不少女人可能迫于无奈从事着自己不喜欢的工作，抱着当一天和尚撞一天钟的思想，这样敷衍工作的态度当然做不好工作，更谈不上享受到工作中的乐趣了，这样痛苦，何必呢？

"择其所爱"可以让你心甘情愿地投入许多时间和精力，并且享受工作的乐趣。

所以，女人要想获得稳定的婚姻，拥有幸福快乐的生活，不仅要拥有一份自己的工作，而且还要拥有一份自己喜欢的工作。当你从事自己所喜爱的工作时，再忙再累也是快乐充实的事情，而且你才能发挥最大的才能，创造最佳的成绩。

杨婵是某外贸公司的秘书。她善解人意，为人随和，对待工作也是尽心尽力，但她非常不喜欢坐办公室，在办公室超过一个小时她就如坐针毡。因此她深感做秘书工作的不快和吃力，心情很是焦虑不安，还经常朝家人发脾气。

在丈夫的开导下，身心俱疲的杨婵决定换一个工作。但是想到这家公司在业界非常有威望，而自己当初是经过层层面试才进来的，要是这么走掉就可惜了。想来想去，她决定在公司内部调换一个新工作。

做什么好呢？杨婵开始有意识地留意自己的能力，她发现自己思维缜密、善于分析，而且乐于与人交往，便大胆地请求老总将自己调到了销售部。果然，杨婵应付自如，工作做得非常出色，赢得不少顾客的称赞，她的职位和薪水均得到了提高。

看来，一个人在事业上取得的成就大小是和兴趣有很大关系的。如果你一直做自己喜欢的工作，你的内心便会充满愉悦和快乐。所以，千万别逼迫自己或别人去做不喜欢的工作，试试去做自己喜欢的工作吧！

你也许会说，做自己喜欢的工作，说起来容易做起来难啊。生活的压力、环境的驱使，找到一份工作就很不容易了，更别说让自己挑肥拣瘦地选自己喜欢做的工作了。毕竟解决了生存、温饱的问题，才能谈做自己喜欢的工作。

需要指出的是，在这里我们所说的做自己喜欢的工作，是一种广泛意义上的喜欢。喜欢自己的工作，不意味着做此时此刻最想做的工作，而是热爱自己做的工作。

对于此，有一位哲人曾这样说，快乐的秘诀，不是做自己喜欢的事，而是去喜欢自己做的事。喜欢自己做的事，事业在其中，快乐也在其中，而追求快乐，不就是人生的大智慧吗？

美国第一位亿万富翁石油大王洛克菲勒也是由衷地喜欢自己做的事，他曾这样说，工作从未让我感到枯燥乏味，我也从未尝过失业的滋味，这并非我的运气。而在于我从不把工作视为毫无乐趣的苦役，却能从工作中找到无限的快乐。

徐萌喜欢安静，最大的爱好就是看书，上学的时候她的梦想就是以后能够找到一份安静的工作，有很多属于自己的时间，在闲暇之余可以约上一两个知心朋友饮茶聊天。但是，理想很丰满，现实很骨感，徐萌不但和自己喜欢的工作失之交臂，还委曲求全地干上了自己深恶痛绝的销售，这让她很痛苦。

刚开始的时候，徐萌和许多刚毕业的大学生一样，空有一肚子墨水，却毫无实践经验，再加上她对这个工作本身都提不起任何兴趣，所以，做这个工作极吃力，觉得自己每天都生活在水深火热中。

徐萌第一次去拜访客户的时候就碰了一鼻子灰，她一向自视甚高，从来没尝过被拒绝的滋味，吃了闭门羹的她大受打击，回到公司后立即向老板提出了辞职。

老板看了她的辞职报告后，了解了她的状况，并没有立即同意她辞职，反而把她"臭骂"了一顿。挨骂后的徐萌骨子里不服输的倔强个性被老板给激发出来了，她留了下来，她要向别人证明自己。

通过自己的努力，不久之后，徐萌赢得了自己的第一个客户。

这次小小的成功让徐萌雀跃不已，甚至觉得自己也是个了不起的"大人物"，更加燃起了她挑战自己、挑战这份工作的信心。

徐萌的学习能力很强，接受新事物也很快，为了收集信息，拓展自己的人脉，她还经常找同学和朋友聊天，这也在无形之中满足了自己约朋唤友在茶社聊天的愿望，在享受中工作。没过多久，徐萌就发现自己变得善于交际了，面对各种人都能轻松应对，而且谈吐还优雅得体，幽默风趣，特别是在搞定一个难缠的客户的时候，心里的那种满足感更是一种享受。渐渐地，徐萌已经完完全全地喜欢上了这份工作。

现在，徐萌已经结婚生子，但她还是没有放弃自己的工作。虽然每天的工作很琐碎，家里也要靠自己打理，可她总能在工作中捕捉到种种快乐、愉悦。家里井然有序，工作更是非常出色。

不是每一份工作都能够完全符合你的心意，但每一份工作中都存有许多宝贵的经验和资源。能不能从中获得快乐，就在于你是否喜欢它。让自己喜欢上它，并从心底认同它，你才能全力以赴地去干好它，当你的工作得到别人的认可的时候，你也就会享受到工作的乐趣了，那么新的机会和新的岗位自然就向你走来。

美国总统林肯出身贫寒，有人问他为什么能当上总统，林肯说，每一次获得一次工作的机会，我都会怀着喜欢的心情加倍去工作，我能干好每一个我干过的职位，所以我也能干好总统这个职位。